成都市都市现代农业产业生态圈蓝皮书
（2020年）

◎ 柳 東 王 栟 主编

U0306146

中国农业科学技术出版社

图书在版编目（CIP）数据

成都市都市现代农业产业生态圈蓝皮书. 2020年 / 柳棟，王栩主编. --北京：
中国农业科学技术出版社，2021. 7

ISBN 978-7-5116-5410-6

Ⅰ. ①成… Ⅱ. ①柳… ②王… Ⅲ. ①农业产业化—产业化发展—研究报告—
成都—2020 Ⅳ. ①F327.711

中国版本图书馆 CIP 数据核字（2021）第 144375 号

责任编辑	李　华　崔改泵
责任校对	李向荣
责任印制	姜义伟　王思文

出 版 者	中国农业科学技术出版社
	北京市中关村南大街12号　　邮编：100081
电　　话	（010）82109708（编辑室）　（010）82109702（发行部）
	（010）82109709（读者服务部）
传　　真	（010）82106650
网　　址	http://www.castp.cn
经 销 者	各地新华书店
印 刷 者	北京建宏印刷有限公司
开　　本	185 mm×260 mm　1/16
印　　张	11.5
字　　数	222千字
版　　次	2021年7月第1版　2021年7月第1次印刷
定　　价	78.00元

━━◣◢━━ 版权所有·翻印必究 ━━◣◢━━

《成都市都市现代农业产业生态圈蓝皮书（2020年）》

编委会

顾　问：宋　峰　胡永松

主　编：柳　柬　王　枏

副主编：盛博文　杨　坤

参　编：唐　宾　蒲施臣　王　胜　张　敏　祁　峰
　　　　华　斌　盛振华　唐　彬　罗　巍　邴塬皓
　　　　朱　利　费书朗　赵　蕾　朱丽君　张　璐
　　　　李　一　李玲玲　聂有亮　罗　永　叶国伟
　　　　祁玉蓉

组织编写单位：成都市农业农村局

参与编写单位：成都农业科技中心
　　　　　　　中国农业科学院都市农业研究所
　　　　　　　成都市农林科学院
　　　　　　　中国天府农业博览园
　　　　　　　蒲江现代农业产业园
　　　　　　　天府现代种业园
　　　　　　　温江都市现代农业高新技术产业园
　　　　　　　都江堰精华灌区康养产业功能区
　　　　　　　崇州都市农业产业功能区
　　　　　　　金堂食用菌产业园

前　言

着力建设产业功能区、聚力培育产业生态圈，是成都深刻领会坚定贯彻习近平总书记经济思想、保持产业立城兴城战略定力作出的重大决策部署，是成都市委、市政府立足自身实际，站在人民立场上，把握历史演化规律，勇担时代使命，顺应超大城市发展趋势的主动选择，是面向全球、面向未来，重塑经济地理、重构城市形态、提升城市能级和永续发展动力的前瞻性创新之举。

都市现代农业产业生态圈作为成都市14个产业生态圈之一，始终以"服务城市、繁荣农村、富裕农民"为主要目的，承担着"保供给、优生态、促融合"等多种功能，是带动农业农村高质量发展的支柱力量，是实施乡村振兴战略的重要载体，是助推新型城镇化的强大助力，是公园城市建设的乡村表达，与其他产业生态圈共同构筑形成大城市生态圈。

经过3年的建设发展，成都市都市现代农业产业生态圈已初步形成"7+4"发展格局，由7个农业产业功能区，国家和省、市、县4级农业园区协同支撑。整体来看，产业布局和空间布局渐趋合理，基本实现了全市优势农产品生产区域全覆盖，同时，产业发展初具规模，关键要素不断集聚，体制机制逐步完善。

为全面展示成都市都市现代农业产业生态圈培育现状、愿景蓝图、发展路径、市场机遇及政策支撑，成都市农业农村局会同中国农业科学院都市农业研究所及相关研究单位，对全市农业产业功能区进行深入调研，在广泛征求意见的基础上，充分分析国内外都市现代农业发展趋势，编制形成《成都市都市现代农业产业生态圈蓝皮书（2020年）》（以下简称《蓝皮书》），总体框架如下。

第一章成都市都市现代农业产业生态圈发展回顾（2019年），即回顾过去，总结发展成效。通过研判国内外都市现代农业发展趋势及形势，描述都市现代农业产业生态圈发展历程、概念及特征，分析发展基础和条件，并对农业产业功能区建设以来的阶段性成效进行总结。

第二章成都市都市现代农业产业生态圈发展展望（2020—2025年），即展望未来，绘就发展蓝图。从保供、城乡、区域、产业4个维度给出了都市现代农业产业生态圈定位：国际化大都市供给保障的新基地、城乡融合发展场景营造的新载体、区域要素协同创新发展的新典范、都市现代农业高质量发展的新高地。围绕"强基提质保供给、强链补链成集群、创新融合拓功能、区域协同促共生"的总体思路，提出在构建成都市都市现代农业产业生态圈"7+4"发展格局基础上，拓展外延形成成德眉资都市现代农业产业生态圈，再逐步构建环成都市都市现代农业产业生态圈及成渝地区"一圈双核"都市现代农业产业生态圈。

第三章成都市都市现代农业产业生态圈发展全景图，即立足当下，明确发展路径。按照"补链、强链、优链"的思路，梳理形成涵盖研发、生产、加工、流通、服务、融合等环节的都市现代农业产业链体系，并围绕产业链，系统构建配套链、供应链、价值链、创新链，不断优化土地、资金、人才、科技等要素供需结构，促进产业链各环节紧密衔接、要素高效流动，实现都市现代农业产业生态圈高能级发展。

第四章成都市都市现代农业产业生态圈政策保障，即聚焦产业，提供发展支撑。梳理市级层面、区（市、县）层面相关政策，逐步完善政策体系，为都市现代农业产业生态圈提供政策环境支撑。

《蓝皮书》将面向政府、面向市场、面向公众，系统回答"都市现代农业产业生态圈是什么？""都市现代农业产业生态圈已经取得了哪些成效？""未来将呈现怎样的发展格局与有哪些发展机会？"等一系列问题，既是基于过去的一份工作报告，又是面向未来的愿景规划和都市现代农业发展的指路牌。

编　者
2021年5月

目　录

第一章 成都市都市现代农业产业生态圈发展回顾（2019年）

近年来，成都市按照党中央、国务院和四川省委、省政府关于"三农"工作的重大决策部署，坚持把发展都市现代农业作为成都市建设全面体现新发展理念的城市和美丽宜居公园城市的重要内容和关键环节。成都市以高度的使命感、责任感和紧迫感，敢为人先，勇于创新，不断夯实农业供给能力，着力挖掘农业多种功能，持续深化农商文旅体融合，有力地推动了都市现代农业高质量发展。

都市现代农业以发展高效优质农业为目的，以现代科学技术、现代物质装备、现代管理手段、现代经营理念为支撑，为大都市居民提供优质安全农产品以及文化和生活服务，是具有较强市场竞争力的一体化、多功能的新型产业体系。都市现代农业是产业升级和经济发展到一定程度的必然产物，在后工业化社会迅猛发展背景下，都市现代农业作为一种独特的农业形态在世界范围快速兴起。

都市现代农业经过多年的发展，正处在由最初的产业分散向产业集聚再向产业生态圈嬗变的重要历史时期，成都市在立足自身发展实际的基础上，顺应未来发展趋势，创新性提出构建都市现代农业产业生态圈。都市现代农业产业生态圈是产业、要素、社会、经济、文化、教育、科技等的有机链接与融合，打破了地域对产业发展的限制，在满足农业基本属性的基础上不断向外拓展其功能，不断增强与其他行业融合，并营造出更加丰富的生产、生活、生态新场景，从而形成社会经济中更加庞大的有机系统。都市现代农业产业生态圈作为一个现代农业多维网络体系，能够带动区域内农业形成较强的市场竞争力和产业可持续发展能力，有效促进农业由单一封闭式发展向协同融合式发展转变，推动都市现代农业可持续、高质量发展。

第一节　成都市都市现代农业产业生态圈发展趋势

一、都市现代农业内涵与发展历程

（一）都市现代农业概念形成与基本内涵

20世纪30年代日本农业经济学家青鹿四郎首次提出"都市农业"概念，指"在城市内部商业、工业、居住公共空间，及其周边为城市2~3倍面积范围内所构建的农业"。相对于都市农业最初的空间与产业经济学上的概念，都市现代农业的内涵与外延更为丰富，在为城市提供部分食物的同时，兼具为城市居民提供绿色、生态、休闲等多方面的服务功能，产业形态涵盖为城市提供农产品的生产、加工、运输、消费到生态、休闲、服务的完整经济过程，整体特征可归纳为"生产、生态、生活"的三生功能。

从全球范围看，FAO（国际粮农组织）和RUAF（国际都市农业基金会）在研究都市农业时，比较注重城市的食物供给和保障能力，以应对2050年全球超过67亿城市人口食物需求所带来的挑战，同时也对人口聚集城市后所面临的潜在气候变化、社会公平、资源循环利用等影响给予一定的关注。

在过去40年里，我国创造了人类历史上从未有过的快速城镇化奇迹，城镇化率从1980年的19.39%提高到2019年的60.60%，都市现代农业也随之迎来蓬勃的发展。2000年前后的北京、上海、广州等城市先后出台的都市现代农业相关的规划，有效推动了我国都市现代农业进入快速发展的时期，各地各具特色的休闲农业项目、特色小镇、农业综合体，雨后春笋般出现。自党的十九大提出乡村振兴战略以来，都市现代农业的内涵得到进一步扩展与丰富，既涵盖城市的食物保障、城区农业、绿色休闲，也涉及城郊的产业兴旺、生态宜居、乡风文明、生活富裕、治理有效。时值成都建设公园城市的新时代，成都市都市现代农业在生态价值上必将受到更多重视。

都市现代农业是依托并服务于城市、促进城乡和谐发展、功能多样、业态丰富、产业融合的农业综合体系，是城市社会经济体系中的一个有机组成部分，是推动城乡统筹的一个重要切入点和乡村振兴战略实施的重要载体。特别是在当前我国经济社会转型升级的关键阶段，需要将都市现代农业的认识纳入我国新型城镇化与乡村振兴战略实施背景中，在形态、地域、功能、产业、要素等方面主要有以下关键界定。

形态：城市农业+近郊农业+远郊农业；

地域：城市+乡村城乡融合的空间布局；

功能：生产+生活+生态三生协同的功能体系；

产业：一产+二产+三产的全产业链融合发展；

要素：劳动力+土地+资金等传统要素，与科技+资本+创意+品牌等现代要素的优化配置。

整体而言，都市现代农业是高层次、高科技、高品位的绿色产业，是融合生产、生活、生态、科学、教育、文化于一体的现代农业产业体系，是集种养加、农工贸、产研教为一体的工程体系，是城市复杂巨大的生态系统的重要组成部分，是与城市融为一体的新型农业形态，有服务城市、宜居生态、优质高效、科技创新、富裕农民及传承农耕文明等重要功能。

（二）国内外都市现代农业发展主要模式

从国际发展来看，国外都市现代农业发展较早，各具特色，以日本、美国、荷兰、德国等国为代表，在发展动因、功能定位、政策支撑等方面存在差异，但也有其统一性。

日本早在1970年城镇化率就达到了72.70%，农业政策导向以"过渡农业论"为主导，侧重于偏远农村的大规模农业生产，而忽视了承担城市农产品供给功能的郊区小规模农业生产。在20世纪80年代之后都市现代农业才得到广泛关注，开始发展市民农园为主要形式的都市现代农业。

与日本不同，美国在1996年城镇化率达到76.3%后，更加注重社区农园等都市现代农业多功能性对改善城市生态环境的作用，在多项政策与规划的支持下，至今都市现代农业发展不断扩大，内涵不断丰富，逐渐发展成为集农业生产、休闲娱乐、示范教育、生态保障等多功能于一体的可持续性产业形态，用占美国总面积10%的土地创造了30%以上的农业价值。

荷兰作为欧洲较早发展都市现代农业的国家，2000年城镇化率达到73.1%后，科技创新为都市现代农业发展带来了新机遇，以玻璃温室为代表的高新技术的应用是其都市现代农业的一大特征。至2019年荷兰温室面积超过了1.04万公顷，占世界玻璃温室总面积的1/4。

德国都市现代农业有着悠久的历史，也非常成功。德国政府强调都市农业的"生活社会功能"，鼓励市民体验农家生活，享受田园之乐。具体做法是县（镇）政府提供一定面积的公有土地供市民租赁，租赁者需要与政府签订25～30年的使用合同，可随自身意愿种花、栽树、种菜等，但这些产品不能出售，如果租赁人不愿继续经营，可提出转让，此种措施使得德国市民农园发展迅速。

经过世界各国多年对都市现代农业发展的探索和研究，逐渐形成了各具发展特色和优势的都市现代农业发展路径，为其他国家和地区发展都市现代农业提供了有益参考，主要发展模式如表1-1所示。

表1-1　国外都市现代农业发展模式一览

类型	主要特征	主要形式	代表国家
以经济功能为主	高度专业化、高度集约化、高产量、高效益，尽可能减少化肥、农药等外部合成品的投入，围绕农业自然生产特性利用和管理农业内部资源，保护和改善城市环境，降低成本，以求获得理想的经济效益	社区支持农业园	美国
以生态、社会功能为主	通过农业扶持政策，确保农业生产稳定和农民收入增长；通过政府引导，使农业发展与生态环境保护有机地结合起来；通过农业法律措施，引导农产品的生产和消费，确保食品安全，推广绿色食品	①德国——市民农园②法国——家庭农场、教育农场、自然保护区、家庭农园等③荷兰——设施农业	德国、法国、荷兰等
兼顾经济、生态和社会功能	既为城市居民提供新鲜、卫生、安全的农副产品，又兼顾城市生态环境的维护和改善，以及为都市居民提供休闲观光、体验农业的场所	①日本——农业资源或环境利用型、农产品直接利用型、农业生产参与型②新加坡——都市农业科技园区	日本、新加坡等

从国内发展来看，都市现代农业的发展实践始于20世纪90年代初期，上海、北京、深圳等地开展较早，近年来我国都市现代农业发展进入快车道，并呈现出地域特征、阶段特征、文化特征等，产生了生态型、科技型、休闲观光型、多元融合型等多种类型的发展模式。

上海城镇化率呈现出上下波动，其2001—2004年城镇化处于73.25%～78.69%的水平，保障市民新鲜农副产品供给是其主要功能。近年来随着城镇化水平的不断攀升，都市农业功能不断拓展，除新鲜农产品供给、休闲观光等传统功能外，生态康养功能的重要性越发凸显，"生态+"的都市现代生态农业形态更加突出。

北京在其都市现代农业探索初期，城镇化率就已处于73.48%～79.52%水平

（1990—2004年），通过观光农园、垂钓乐园、森林旅游、观光牧场、租赁农园等形式，开发一批集农业建设、科研示范、产品加工与游客动手为一体的农业景区。随着城市化率的不断升高，逐步拓展都市现代农业的生产、生活、生态、教育、示范及创新等功能，目前正全力打造具有总部经济特色的都市现代农业新模式。

杭州在资源禀赋不足的情况下突出区域特色，坚持都市现代农业的发展方向，围绕"保供给、保增长、保安全"的工作目标，加快转变农业发展方式，提高农业产业化水平，推进产业集聚和融合。杭州不断加大政策支持力度，积极引导和鼓励种养和运销大户、基层经济组织和服务组织、农业龙头企业和基层供销社等牵头或领办农民专业合作社，形成了"农业产业协会+村经济合作社+基地（农户）""专业合作社+基地+农户""经济组织+基地+农户"等多种运行模式，在农业产前、产中、产后发挥了重要作用。

深圳在2000年左右城镇化率达到70%以上，土地利用已从农村形态转为大城市—郊区形态，都市现代农业以观光休闲农业和科技型农业为主体，正在逐步构建生态型、科技型为特征、科普休闲观光于一体的都市现代农业体系。

从我国各城市都市现代农业发展情况来看，在城镇化率处于70%~80%阶段，都市现代农业未来依旧会向保障农产品有效供给、激发农业多功能性、拓展国内外多元化市场、加快科技创新、提升可持续发展能力的方向发展。我国地域广阔，各城市自然资源禀赋差异显著，经济发展水平不一，在都市现代农业建设上形成了各具特色的发展模式，如表1-2所示。

表1-2　国内都市现代农业发展模式一览

序号	主要模式	发展背景	主要内容
1	供给保障优先模式	"菜篮子"产品供给保障作为都市现代农业发展的着力点	扶持"菜篮子"生产基地建设，强化农产品质量安全监管，完善市场流通与调控保障机制，成为城市"保供给、稳物价、惠民生"的重要基础
2	休闲旅游带动模式	城市周边休闲游	利用农业景观和农村风情，为市民创造观赏、体验、休闲等场所，实现农业经济、文化、生态建设和谐统一
3	产业园区引领模式	以园区建设为主要抓手	以工业的理念发展现代农业，把现代企业管理制度引入到农业领域中，把传统一家一户的农业生产模式逐步转化为标准化、集约化、规模化、产业化、商品化的农业发展模式
4	科技创新驱动模式	科技和人才优势	以信息技术和生物技术为驱动，以种业和生物研发为重点，大力发展农业高新技术产业，推进新技术新品种研发、推广和应用

（续表）

序号	主要模式	发展背景	主要内容
5	多元融合发展模式	耕地规模不大	注重农业多功能开发，兼顾农业生产、生活、生态功能，坚持多元协调发展

通过国际发展经验可以看到，发达国家的都市现代农业呈现出了良好的发展态势，在经济发展、生态建设等方面发挥了重要作用。纵观各国的都市现代农业发展，呈现以下趋势：一是规模化程度高，资源利用更加集约高效；二是产业化程度高，农产品竞争优势明显；三是先进科学技术的引入和应用程度高，信息化、智能化水平高，农业发展动力强大；四是农业功能多元化，不仅追求经济效益，而且追求生态效益和社会效益；五是外向化程度高，更加依靠市场实现农业资源和生产要素的优化配置；六是城乡融合度高，不仅在地域上融为一体，而且在生产观念、生产方式上与城市高度融合；七是法规政策体系健全，这是保障都市农业健康有序发展的重要制度基础。

通过国内发展经验可以看到，上海、北京、广州、深圳、杭州等大城市均从传统的城郊型农业走向了都市现代农业发展之路并取得了突出成效，在保障大城市农产品有效供给、促进城乡融合、满足市民多样化需求、维护城市经济社会生态系统等方面起到了极其重要的作用。其中，上海、杭州作为全国发展都市现代农业的领跑者，都市现代农业集约化程度明显，产业化和现代化水平高，在保障农产品有效、平衡供给的同时，农业的经济、生态、科技示范、文化教育、社会服务等功能十分突出，新型经营主体带动力显著，都市现代农业实现了高速发展。

二、成都市构建都市现代农业产业生态圈的探索

（一）成都市都市现代农业发展的主要历程

成都地处都江堰精华灌区，农耕历史悠长，农业自然条件优越、资源丰富，被誉为"天府之国"。伴随着新型城镇化进程的加快，成都开启"城乡一体化—城乡统筹—城乡融合发展"的系列探索，期间农业产业结构不断优化调整，农业也由城郊农业向都市现代农业加速转型，2017年以前，成都市都市现代农业发展历程中主要经历了以下阶段，即城郊农业发展阶段、都市现代农业萌芽和起步阶段、都市现代农业奋进阶段。

1. 城郊农业发展阶段（1983—1998年）

1983年，成都全面推行家庭联产承包责任制，激发了农户的积极性，生产力大大提高，城郊农林牧渔业开始全面发展。1989年，成都开始全面实施"菜篮子"工程，农业生产结构调整不断深化，进一步加大了对蔬菜食品的生产力度。同时，乡镇企业逐渐崛起，促进了农村剩余劳动力的加速转移和农村产业的专业分工，城郊农业逐步向专业化、规模化和商品化方向发展。1995年起，新一轮"菜篮子"工程开始实施，进一步调整产业结构，加大基地建设，逐步推行农业产业化经营，城郊农业快速发展。该阶段农业发展呈现的主要特点是：生产力不断提升，休闲农业开始萌芽，农业开始向专业化、规模化和商品化发展。

2. 都市现代农业萌芽和起步阶段（1999—2008年）

1999年召开的"成都市近郊都市农业发展对策研讨会"上，成都市科研院所学者、专家及政府相关部门领导开始探讨如何发展成都市都市农业，由此，都市农业开始萌芽。2003年，《成都市城市总体规划纲要（2003—2020年）》明确提出要大力发展现代都市农业，采取多种措施，形成现代化农业科技的结构体系。2007年，成都获批统筹城乡配套改革试验区，在体制机制创新方面，为都市现代农业发展迎来新的发展机遇。该阶段农业发展呈现的主要特点是：以城乡一体化和城乡统筹为发展契机，农业生产经营化程度不断提升，设施农业、生态农业等都市农业发展形态初步显现。

3. 都市现代农业奋进阶段（2009—2016年）

2009年，《成都现代农业发展规划（2008—2017年）》出台，提出了发展"都市型现代农业"总体定位，充分考虑了促进农业"接二连三"，实现一二三产业互动相融发展方向，并勾画出城市农业圈层、近郊农业圈层和远郊农业圈层"三大圈层"发展战略，为都市现代农业发展提供了明确的方向。2016年，市委进一步明确"建设国家都市现代农业示范城市"的发展目标。

（二）成都市都市现代农业产业生态圈的提出

2017年4月，成都市第十三次党代会提出构筑都市现代农业新高地，对都市现代农业发展提出了更新更高的要求，同时提出了产业生态圈理念构想。2017年7月，在成都国家中心城市产业发展大会上，成都市提出要创新要素供给、坚持以产业新城为核心，集成构建产业生态圈。全市以66个产业功能区为支撑，共建设17个产业生态圈（现调整为14个），其中都市现代农业产业生态圈成为全市产业生态圈的重要组成部分。自2017年启动都市现代农业产业生态圈建设以来，成都以现代农业产业功能区及园区为支撑和载体，以农商文旅体融合发展为核心，充分发挥农业功能，服务城市发展。以都市现代农业产业生态圈为引领，成都市都市现代农业发展进入了崭新的发展阶段。

都市现代农业产业生态圈的概念由成都市首创和实践。加快都市现代农业产业生态圈建设，是成都市委、市政府以习近平新时代中国特色社会主义思想为指引、全面贯彻新发展理念、实施创新驱动发展战略、推动乡村振兴和农业农村高质量发展的重大创新，是市委、市政府全面落实省委"一干多支"发展战略、着力做强主干支撑的重要抓手，是全面落实主体功能区战略，优化城乡空间布局、重塑产业经济地理、提升城市功能、增强城市长远发展竞争力的重大举措。

（三）成都市都市现代农业产业生态圈的概念界定

产业生态圈是指在一定区域内，人才、技术、资金、信息、物流和配套企业、服务功能等要素有机排列组合，通过产业链自身配套、生产线服务配套、生活性服务配套及基础设施配套，形成产业自行调节、资源有效聚集、科技人才交互、企业核心竞争力持续成长的多维生态系统。产业生态圈，在范畴上将要素供给、市场需求、空间优化与产业发展有机结合在一起，打破了过往行政区划各自为政、同质化发展的困局，是加快区域经济组织方式转变中的一次全新革命。

都市现代农业产业生态圈是全市产业生态圈重要一环。具体来说，都市现代农业产业生态圈是集农产品生产、加工、流通、科技、教育、服务、休闲等产业为一体的都市现代农业产业体系，以满足城市多元化需求和实现农业最大价值为目标，以农业园区、特色镇、川西林盘等为载体，以现代经营形式和管理方式为手段，以科技创新和产业协作为助力，不断深化都市现代农业供给侧结构性改革，实现优质产品供应、产业融合发展、资源高效开发、技术信息共享、生产生活生态融合，推动都市现代农业可持续、高质量发展。

（四）成都市都市现代农业产业生态圈的主要特征

经过探索和发展，成都市都市现代农业产业生态圈初步成型，重点通过要素的科学配置，形成以农业园区、特色镇等为空间载体，以多元化经营主体为微观基础，促进多个优势产品、产业链协同发展，产业配套齐整；以产业有机集聚，形成产业链、配套链、供应链、价值链、创新链完备的现代农业多维网络体系。体系中的各个要素，是相互联系的有机整体，各要素通过网络连接撬动其他参与者的能力，强化彼此间的联动性、共赢性和整体发展的持续性，实现整个体系的价值创造，并从中分享利益。

成都市都市现代农业产业生态圈主要具有如下特征：一是从产业组织结构角度上看，由多元微观经营主体组成，不同主体之间通过良性竞争和相互协作，以"成就他人、彼此共赢"为根本出发点，使生态圈的所有主体共同受益，实现生态圈的良性循环和每个微观主体持续健康发展。二是从产业链角度上看，已形成了以优势产品为主线的完备产业链条，链条上的所有节点联系紧密，产前、生产、加工、流通、消费等环节完整且环环紧扣，链条运作处于最优状态。三是从空间布局角度上看，以现代农业产业园区为载体的产业发展集聚、高效，空间布局合理，一二三产业发展深度融合，各区域分工分业、竞相发展。四是从城乡形态角度上看，形成了"城市+郊区新城+特色镇+新型社区+林盘聚落"的空间充分融合、功能多元的新型城乡空间形态，实现城与乡、人与自然、产业与生态和谐发展。五是从发展机理角度上看，整体的发展动力已由要素投入、政策支持等外部动能转变为产业内部与外部良性循环、共同演进形成的内生发展动力。

三、成都市都市现代农业产业生态圈未来发展态势

新形势下，国内外经济社会发展发生重大变革，新型城镇化、新型工业化加快推进，内生动力加快集聚，城乡融合与区域协同发展进一步加深，这将对成都市都市现代农业产业生态圈发展态势产生重要影响，具体主要表现在以下几个方面。

（一）外部环境变化带来的影响

都市现代农业产业生态圈发展主要通过市场实现资源和要素的优化配置，外部环境对其影响深远。当前，外部环境发展深刻变化，成都已经从内陆城市变成改革开放前沿，随着经济全球化发展和国际化大都市的建设，成都市都市现代农业产业生态圈必将被纳入国际经济轨道。为此，都市现代农业产业生态圈发展需要充分利用对外开放的优势，建立面向全球的较高层次的产业体系、生产体系、经营体系，不断提高国际化程度。要以更加开放的胸怀，拥抱世界，不断集聚整合外部资源，拓展外部空间，为成都市都市现代农业产业生态圈建设注入蓬勃动力。

（二）内生动力集聚带来的影响

源自群众的内生动力是都市现代农业产业生态圈未来发展的根本动力。都市现代农业产业生态圈立足于城市，城市特有的资本、设施、科技和人力资源的高度密集性以及土地的稀缺性，决定了未来必须坚定地走集约化发展道路，必须依靠群众，激发群众创新创业动力，以更加饱满的热情，全面融入都市现代农业产业生态圈建设中来。在未来发展中，要用好现有资源，继续依靠现有发展动力，坚持以农商文旅体融合发展为核心，在科技、种业、加工、博览等产业链前端、中端、后端、延伸端上持续发力，加快推动都市现代农业产业生态圈建设。

（三）未来协同融合发展需求带来的影响

都市现代农业产业生态圈是城市的有机组成部分，具有与城市产业融合、资金融合、技术融合、人才融合、理念融合等高度融合的特性。当前，成都发展面临成渝地区双城经济圈、成德眉资同城化发展等重大机遇，能够在更大范围内优化配置高端要素资源。在未来发展过程中，需要有更高的眼界和更加敏锐的眼光，带动引领环成都经济圈发展，积极融入成渝地区双城经济圈建设，加快构建成渝地区"一圈双核"的都市现代农业产业生态圈发展格局。要以都市现代农业产业生态圈建设推动城乡融合，主动肩负主干担当，进一步发挥对全省其他区域的引领辐射带动作用。

第二节　成都市都市现代农业产业生态圈发展基础

成都农业发展从最初的传统农业向城郊农业过渡，并逐步形成今天的都市现代农业发展形态，前后经历了多个发展阶段。在这一转变过程中，农业的多功能性、可持续性、开放性等特征日益明显，都市现代农业发展取得了明显的成效，也为都市现代农业产业生态圈构建奠定了坚实的基础。

一、成都市都市现代农业产业生态圈产业发展基础

近年来，成都坚持产业融合发展，坚持品牌兴农，不断优化调整产业结构和布局，拓展多功能性，延长产业链，提升价值链，不断深化农村集体产权制度改革，探索集体经营性建设用地入市，盘活闲置资产，激发现代农业发展活力。同时，不断创新农业经营模式，推进农业适度规模经营，推出"农贷通"融资服务平台和政策性农

业保险，配套系列扶持政策，为都市现代农业发展提供了良好的土壤。经过多年的探索和实践，成都市都市现代农业发展获得了显著的成效，是首批整市推进国家现代农业示范区、全国统筹城乡综合配套改革试验区、第二批全国农村改革试验区、全国休闲农业和乡村旅游示范市、全国副省级城市和省会城市中唯一的国家农产品质量安全市。成都市2019年国民经济和社会发展统计公报显示，2019年全市实现农业增加值631.8亿元，同比增长2.7%，农村居民人均可支配收入24 357元，同比增长10.0%。城乡居民人均收入比为1.88∶1，比上年缩小0.02。

（一）区位优势凸显

1. 自然地理条件

成都地处四川盆地西部，地势由西北向东南倾斜，东西海拔高低悬殊，地貌类型主要由平原、台地和部分低山丘陵组成，属亚热带季风气候区，土壤肥沃，耕地适宜性高，降水量充沛，水资源丰富。龙门山和龙泉山将成都包裹其中，区域范围内植被丰富，生物资源种类繁多、门类齐全，分布又相对集中，为发展农业和旅游业带来极为有利的条件。

2. 交通区位

从国际来看，成都作为"南丝绸之路"起点城市、"北丝绸之路"货源供应地，是"一带一路"重要节点城市，随着中欧班列的大规模开行，为西部内陆企业沿着"一带一路"走出去提供了稳定的国际物流通道保障。从国内来看，成都地处大西南、四川盆地的腹地，早在20世纪70年代末，就已经成为中国西南地区的铁路交通枢纽。经过40年的发展，如今已拥有全国首条跨省环线高铁，国际及地区航线数量已增至126条。从省内来看，成都建立了平原城市群一小时交通圈，促进成都平原经济区一体化发展。

3. 人文社会

成都是古蜀国文化的重要发源地，古蜀文化、熊猫文化、文博资源、古镇文化等文化资源丰富，形态多样，形成了蜀绣、蜀锦、成都漆艺等非物质文化遗产。拥有集聚天府文化、成都平原农耕文明和川西民居建筑风格于一体的川西林盘，承载着丰富的美学价值、文化价值和生态价值。拥有中西部地区数量最多、种类最齐全、开放水平最高的金融机构，金融市场在中西部城市居第一。聚集了四川大学、电子科技大学、西南财经大学、四川农业大学等高校以及中国农业科学院都市农业研究所、四川省农业科学院、成都市农林科学院等科研院所，为成都市都市现代农业的发展提供人才和科技支撑。

（二）产业本底优良

1. 基础设施不断夯实

强化耕地质量提升，落实最严格耕地保护制度，2019年，划定永久基本农田652.78万亩，累计建成高标准农田356.44万亩[①]。在蒲江县探索"5+1"服务体系，推进耕地保护与土壤提升工程，夯实优质农产品生产的基础。科学划定332万亩国家级粮食生产功能区和重要农产品生产保护区、300万亩特色农产品优势区，发展绿色优质安全农产品；建成常年蔬菜基地40万亩、轮作蔬菜基地90万亩，与省内市（州）合作建立20万亩蔬菜基地，弥补季节性蔬菜品种短缺，确保"米袋子""菜篮子"有效供给。

2. 农商文旅体融合发展势头强劲

不断优化调整产业结构，逐步发展形成优质粮油、生猪、茶叶、花卉、蔬菜、水果等十大特色优势产业。以"十字策略"为导向，分区布局都市现代农业重点发展产业，确定了农产品深加工、都市休闲农业、农村电商、森林康养、农产品物流、绿色种养六大重点产业，规划形成了以粮油、会展博览、农商文旅体融合发展、现代种业等为主导产业7个现代农业产业功能区。瞄准产业融合发展趋势，结合特色镇（街区）建设、川西林盘保护修复、大地景观再造等工程，大力培育农商文旅体融合发展新产业新业态，2019年实现乡村旅游收入489.2亿元，农产品加工产值1 500亿元，农产品电子商务销售额突破110亿元。推进现代农业产业与自然景观、休闲旅游、文化教育等的有机结合，形成多功能叠加的高品质生活场景和新经济消费场景，成功打造崇州竹艺村、蒲江明月村、大邑"幸福公社"、郫都战旗乡村十八坊、温江九坊宿墅、新都沸腾小镇、川西音乐林盘等一批农业文创精品和乡村旅游示范点。截至2019年，累计建成农业主题公园38个。崇州市、蒲江县入选全国农村产业融合发展试点示范县，新津区成功申报创建首批国家农村产业融合发展示范园。

3. 农业绿色发展水平不断提升

完善绿色产业发展的扶持政策体系，以"西控"区域为重点，建立起乡村产业优先发展支持清单和负面清单"两张清单"制度。发展生态循环农业，深入推广崇州稻

---

① 1亩≈667平方米，全书同。

田综合种养、邛崃"黑猪+黑茶"等多种形式的种养循环模式，有效地提升了产业发展综合效益。强化农产品质量安全，健全质量安全检测体系，建立村—镇—县三级网格化监管体系，建成覆盖全市主要农产品生产基地和龙头企业、农民专业合作组织的农产品质量安全溯源平台，实现农产品从田间生产到进入市场全程可追溯。建立"成都智慧动监"，率先实现生猪产业生产数据与监管平台的实时对接、视频监控、智慧管理。2019年，成都市青白江区入选国家农业绿色发展先行区。

4. 品牌影响力逐步增强

坚持品牌强农理念，大力推进品牌创造、品牌输出和品牌营销，以区域公共品牌"天府源"为引领，构建"市级公用品牌+县级区域品牌+企业自主品牌"的品牌体系。大力发展无公害农产品、绿色食品、有机农产品和农产品地理标志产品。截至2019年，全市"三品一标"认证数达到1 362个。培育发展"蒲江猕猴桃""蒲江丑柑""金堂姬菇""金堂羊肚菌"等国家地理标志产品为县级区域公共品牌，带动企业品牌化获得中国驰名商标30个、省（市）著名商标和名牌产品480个。其中，"蒲江丑柑""蒲江猕猴桃"两大区域公共品牌，品牌价值198亿元，跻身"2019中国区域品牌50强"。

（三）改革创新成绩显著

1. 农村产权制度改革持续深化

在全国率先全面开展了农村集体土地所有权、农村土地承包经营权、农村房屋所有权等11类农村产权"多权同确"，基本实现农村产权"应确尽确、应颁尽颁"。同时，在确权颁证基础上，不断探索农村产权"长久不变"的有效实现方式。全面开展并完成了农村集体资产清产核资工作，扎实推进集体成员身份确认、集体资产股份量化和集体经济组织登记赋码等重点改革任务。截至2019年，全市完成经营性资产股份合作制改革的村（涉农社区）达2 809个、完成登记赋码的村（涉农社区）达978个。首创建立农村产权仲裁院，开展农村产权纠纷仲裁工作试点，为农村产权纠纷调处保驾护航。

2. 农业经营体制机制不断创新

推进农村承包地"三权分置"，发展农业适度规模经营。引导农村承包地经营权向农民合作社、家庭农场、种植大户流转，重点发展家庭适度规模经营和土地股份合作经营，探索土地股份合作社、"大园区+小农场"、业主租赁等多种经营方式。截至2019年，农业适度规模经营率为70.6%；培育农民专业合作社11 395家，家庭农场7 541家。在崇州市探索形成以"土地股份合作社+农业职业经理人+社会化服务"为核心的"农业共营制"，切实化解农业生产经营地碎、人少、钱散、缺服务"四个制约"和谁来经营、谁来种地、谁来服务"三个难题"；在新津区探索形成"大园区+小业主"经营模式，以现代农业园区或基地为载体，配套完善基础设施，引导农业企业、合作社、家庭农场和种植大户等，按照统一的技术要求、质量标准、产品品牌，入园开展"标准化、规模化、集约化"经营。

3. 金融和农业保险逐步多元化

发展新型农村普惠金融机构和组织，向农村地区延伸金融机构经营网点，完善金融组织体系。创新搭建基于互联网的综合性融资服务平台——"农贷通"，探索农村金融、产权交易、农村电商"三站合一"模式，完善农村金融服务体系，截至2019年，累计发放贷款1.22万笔、163.36亿元。探索推行经济林木、农产品仓单等抵质押金融产品。深入实施政策性农业保险，自主开设"水果、蔬菜、水产品、有机农业、猕猴桃、食用菌、杂交水稻制种、小家禽"8个特色小农险，并在全国副省级城市中率先推出政策性蔬菜、生猪价格指数保险。在邛崃率先探索开展土地流转履约保证保险，引入保险机构对土地流转双方履行合同约定行为进行保险，降低土地流转双方风险，提升土地综合效益。

4. 农业双创成效明显

依托全国首批28个双创示范基地之一的郫都区，实施了以菁蓉镇现代农业双创空间为"极核"、多个现代农业产业园区（基地）为支撑的"一核多园"发展战略，强化孵化链、科技链、资金链、产业链、政策链，构建双创发展要素生态圈，全力打造"中国领先、世界一流"的农村双创品牌。创建"互联网+农业双创智库"，引进"两院"院士、国家"千人计划"等高层次人才，培育双创大师、农业农村部"新农人"等实用专家人才。2018年，郫都区被农业农村部命名为"全国推进农业农村创业创新典型县范例"。

5. 七大共享平台凝聚发展合力

承担"主干"责任，依托首位城市①的人才、资金、科技、信息等要素集聚优势，聚焦土地、金融、技术、市场、信息等乡村振兴核心要素，着力构建农村土地交

---

① 首位城市：专用名词，指在一个相对独立的地域范围内（如全国、省区等）或相对完整的城市体系中，处于首位的、亦即人口规模最大的城市。

易服务平台、农业科技创新服务平台、农村金融保险服务平台、农产品品牌孵化服务平台、农产品交易服务平台、农商文旅体融合发展服务平台、农业博览综合服务平台七大共享平台，为各市（州）开放合作搭台、产业转型赋能、创新改革聚势、生态建设助力，形成横向错位发展、纵向分工协作发展格局。

6. 管理体制不断创新

打破行政区划界限，创新管理方式，构建以现代农业产业功能区为基本单元的管理新体制，探索建立"管委会+投资公司"运营模式，构建"两级政府、三级管理"扁平高效的组织架构，有效提升了管理运营的专业化、市场化水平。科学划定现代农业产业功能区与区（市）县、乡镇（街道）、村（社区）的权责界限，管委会主抓功能区建设，社会管理和公共服务由乡镇（街道）负责，初步建立起精简高效的基层管理体系。

（四）要素配置效率优势明显

1. 土地利用瓶颈逐步破解

探索集体建设用地入市交易、开发利用、优化配置等集体建设用地利用的有效途径，撬动社会资本投入农业农村。在郫都区开展集体经营性建设用地入市改革试点，引入社会资本，促进集体经济发展。截至2019年，全市农村集体建设用地入市交易面积5 003.59亩，成交价款30.26亿元。推进农村闲置宅基地和闲置农房盘活利用，引导集体经济组织及农户结合自身区位条件、特色产业、自然环境以及文化传承等优势资源，采取股份合作、出租、托管等方式，发展休闲农业、乡村旅游、餐饮民宿、文化体验、电子商务等新产业新业态。在郫都区创新推出"共享田园"模式，按照宅基地"三权分置"理念，变宅基地为共享资源，盘活农村闲置资产。设立全国首家农村产权交易所，建立全域覆盖农村产权综合交易平台，赋予各类农村产权金融属性，形成产权明晰、可流动的农村财产权利体系，引导农村土地经营权、集体经营性建设用地等农村产权规范交易，释放农村产权价值。截至2019年，累计实现交易额1 049.99亿元。

2. 资金利用效率逐步提升

建立涉农资金统筹整合长效机制，加强涉农资金行业内整合与行业间资金统筹相互衔接，促进性质相同、用途相近的涉农资金统筹使用。深入推进涉农领域"放管服"改革，进一步推动审批权下放，市与区（市、县）两级分类有序推进涉农资金统筹整合。2019年，整合涉农资金533.24亿元。建立市级涉农"大专项"资金管理体系，实行"大专项+任务清单"管理模式，任务清单按照专项转移支付、基建投资两大类，区分约束性任务和指导性任务，实施差别化管理。

3.人才培养机制多元化

在全国率先启动农业职业经理人培育工作，建立认定考核评价机制，搭建农业职业经理人人才资源信息平台，促进农业职业经理人择优推荐、公开竞聘。培养新型职业农民，吸引一批懂技术、善经营、有文化的青壮年农业从业者留在农村。截至2019年，累计培育农业职业经理人1.71万人，新型职业农民10.05万人。创新引进"新村民"，依托川西林盘、特色镇等载体，植入文创、生态等功能，促进乡村产业融合发展，为都市现代农业发展注入新生力量。建设由14家在蓉主要涉农高校及科研院所、150余家省级以上重点龙头企业的农业人才组成的"成都农业智库"，并围绕人才引进、人才培养及人才使用，结合自身特色及发展需求，出台了不同的人才政策措施及人才计划，着力引进各类高端人才、科研创新团队，提升已有人才科技创新能力。

4.科技实力逐步增强

采取"政府引导、业主自主、先建后补"的方式，着力打造农业物联网技术运用基地。如蒲江县引进联想集团，应用物联网技术构建猕猴桃种植的全产业链，建设国家级猕猴桃种植示范区。拥有四川农业大学、四川省农业科学院、成都市农林科学院等17家涉农高校及科研院所，以及45家以上的国家级、省部级涉农科研创新平台，已建成国家级农业工程实验室2个，省部级农业重点实验室11个，省市级农业工程技术研究中心32个。依托这些涉农高校和科研院所建成一批中试熟化基地、特色产业示范基地、专家大院，建立农业技术推广团队100余个，以现场会、科技下乡活动、科技培训、科技扶贫、科技成果推介等多种形式的推广活动，研制的新品种、新技术、新产品等在蓉就地转化，多项科技成果通过国家和四川省审定品种、获得品种权授权、专利授权。荣获国家级、省部级以上科技成果奖励。加快推进国家成都农业科技中心建设，吸引13家科研团队入驻，集聚了一定的科教优势资源。

（五）营商环境持续优化

近年来，成都不断探索优化营商环境的路径，在基础设施、人才、科技、土地、金融保险等方面出台一系列促进都市现代农业发展的政策制度，为都市现代农业发展营造良好的政策机遇。搭建投融资服务平台，创新投融资模式，形成产权交易、政银担保金融支农等模式，实现高效投融资。主动深化"放管服"改革，全面推进"仅跑一次"工作制度，开展政务服务网上办理，着力优化审批流程、减少审批环节、精简事项要件、压缩审批时间，实现审批最少、流程最优、效率最高、服务最好，加速重大涉农项目落地。温江区探索形成"企业5同时"+"政府5同步"工作机制，有力提升政务服务效率。强化政企沟通和市场监管力度，有效规范市场秩序，为投资企业提供更多机遇和保障。2019年成都市荣获"中国国际化营商环境建设标杆城市"殊荣。

二、成都市都市现代农业产业生态圈发展格局

产业生态圈最初在成都国家中心城市产业发展大会提出，是以产业功能区为空间载体，是打造区域增长极、形成产业比较竞争力、促进产城融合发展的重要空间组织形式和先进要素集聚平台。都市现代农业产业生态圈是产业生态圈的重要组成部分，是在新形势下，成都市重塑农业产业经济地理、构建现代产业体系下提出的一种经济工作组织方式，是推动都市现代农业高质量发展的主要抓手。作为都市现代农业产业生态圈核心载体的农业产业功能区，发展格局也在不断优化，由2017年规划布局主导产业明确、错位协同发展的6个逐步调整为现在的7个，即中国天府农业博览园、都江堰精华灌区康养产业功能区、温江都市现代农业高新技术产业园、天府现代种业园、崇州都市农业产业功能区、金堂食用菌产业园、蒲江现代农业产业园。同时，为了有效支撑都市现代农业高质量发展，成都市提出构建"绿色战旗、幸福安唐"乡村振兴博览园、龙泉山"梦里桃乡"水蜜桃产业园、青白江区现代农业对外开放合作示范园、新都区绿色蔬菜电商小镇、天府蔬香现代农业产业园、大邑安仁都市现代农业产业园、简阳伏季水果现代农业产业园7个现代农业园区，协同支撑成都市都市现代农业产业生态圈。

三、成都市都市现代农业产业生态圈建设面临的机遇

（一）乡村振兴战略的提出

党的十九大提出实施乡村振兴战略，明确了新时代解决"三农"问题的新举措，为中国农业发展指明了新方向。乡村振兴战略的提出，为都市现代农业产业生态圈构建提供了良好的政策机遇。成都市贯彻落实中央、省委重要决策部署，制定了乡村振兴战略规划，策划了"十项重点工程""五项重点改革""七大共享平台"，实施"农业+旅游""农业+文创""农业+康养""农业+会展"等行动，出台了一系列配套支持政策，为新产业新业态的兴起提供了舞台，有力助推城乡要素资源自由流动，有效促进都市现代农业转型升级，为构建产业生态圈创新生态链提供产业发展基础。

（二）成渝地区双城经济圈建设

中央第六次财经会议提出推动成渝地区双城经济圈建设。重大战略蕴含重大机遇，成渝地区双城经济圈是成都大都市区、重庆主城都市区以及受"双城"新极化与强辐射的轴带而集成的经济圈。双城经济圈建设，强调围绕成都和重庆两个"极核"来发展，形成彼此独立但又相互支持的城市经济圈。做强双城，才能带动辐射，因此，成都要坚持以产业生态圈创新生态链组织经济工作制度，构建主题鲜明、要素可及、资源共享、协作协同、绿色循环、安居乐业的产业生态圈，建链、聚链、补链、延链、扩链、强链的"六链机制"完善产业链、创新链、供应链、价值链、人才链深度融合机制，打造集研发设计、创新转化、场景营造、社区服务为一体的高品质产业空间。都市现代农业产业生态圈作为产业生态圈中的重要一环，迎来了良好的发展机遇。

（三）成德眉资同城化

中共四川省委十一届三次全会提出推进成德眉资同城化发展。成德眉资同城化是贯彻落实省委"一干多支、五区协同"战略的重大决策部署，也是推动成渝地区双城经济圈建设的"先手棋"。成德眉资四市地理相连、文脉相通，人员交往、经济联系最为紧密，自然资源、产业基础、创新活力具有明显优势，同城化必将放大各自比较优势，共同打造具有国际竞争力和区域带动力的现代产业集群和经济共同体。因此，要增强产业支撑。都市现代农业产业生态圈作为成都经济工作组织方式的重要形式，是构建现代经济体系中的重要组成部分，就要发挥其引领辐射带动作用，强化优势互补，形成协同发展共建共兴发展格局。

（四）建设全面体现新发展理念的城市和美丽宜居公园城市

2018年2月，习近平总书记来川视察期间明确支持成都加快建设全面体现新发展理念的城市，并提出要"突出公园城市特点，把生态价值考虑进去，努力打造新增长极，建设内陆开放经济高地"。习近平总书记首次提出的"公园城市"理念，是新时代城市发展的高级形态，是新发展理念的城市表达，是人城境业高度和谐统一的现代化城市。公园城市引领城市发展方式变革，引领领导工作方式变革，引领经济组织方式变革，引领市民生活方式变革。公园城市建设为都市现代农业产业生态圈发展带来了重大机遇，未来，成都市都市现代农业产业生态圈建设将以公园城市建设为引领，加快构建资源节约、环境友好、循环高效的生产方式，以农商文旅体融合发展为主要抓手，实现公园城市建设的乡村表达。

第三节　成都市都市现代农业产业生态圈建设成效

一、2019年成都市都市现代农业产业生态圈建设总体成效

自2017年启动都市现代农业产业生态圈建设以来，成都市以现代农业产业功能区及重点园区为载体，以农商文旅体融合发展为核心，在科技、种业、加工、博览等产业链前端、中端、后端上持续发力，强链补链、聚链成圈，推动都市现代农业产业生态圈建设取得了阶段性成效。

（一）产业前端有所突破

聚焦科技创新，争取到国家在成都市布局建设成都国家现代农业产业科技创新中心，目前国家（成都）农业科技中心、温江都市现代农业高新技术产业园正加快建设，现已入住国家级农业科研机构13家、科研团队19个、高新技术企业62家，启动科研项目54个、推广新品种80多个。高质量推进天府现代种业园建设，搭建国家品种测试西南分中心、稻米及制品质量监督检验测试西南分中心、西南种业创新孵化中心等功能性平台。

（二）产业中端不断夯实

突出粮食、蔬菜、水果等主导产业，大力推进崇州都市农业产业功能区、蒲江现代农业产业园、彭州天府蔬香现代农业产业园等农业功能区（园区）建设，围绕"两图一表"招引世界500强中化集团等大企业，实施重大项目200个，建设高标准农田356万亩，菜粮复种面积825万亩，推动集群发展，补齐建强产业链条，全力保障"米袋子""菜篮子""果盘子"等农产品生产供给。

（三）产业后端得到提升

突出农产品加工物流提升价值链，布局建设16个农产品精深加工物流园区（基地），就地就近建成农产品产地初加工点3 361个，启动建设中国（成都）国际农产品加工产业园和青白江农业对外开放合作试验区，全市加工型龙头企业达263家、年销售收入超过1 707亿元。以"天府源"品牌为核心的"市级公用品牌+县级区域品牌+企业自主品牌"的品牌体系初步形成。

（四）融合发展全力推进

以特色镇和川西林盘为载体，以乡村绿道为纽带，推动形成以农商文旅体融合发展为核心IP的旅游目的地和生活场景、消费场景，引进华侨城、蓝城、绿城等重点企业，启动规划建设特色镇（街区）120个、保护修复川西林盘421个，建成A级景区的农业乡村旅游基地（园区）38个，创建省级示范农业主题公园20个，培育出龙门山·柒村、天府国际慢城、九坊宿墅、凡朴等一批特色鲜明的休闲农业品牌，涌现出明月村、竹艺村、战旗村等一批乡村旅游明星村。连续两年开展农商文旅体、特色镇（街区）和川西林盘品牌推介宣传和招商引资活动，签约引进重大项目64个、签约金额2 236亿元。2019年全市实施农商文旅体融合发展项目891个，完成投资1 042.3亿元；休闲农业和乡村旅游接待游客超过1.32亿人次，总收入突破489亿元。

（五）共享平台持续深化

构建提升乡村振兴"七大共享平台"，发起成立由中国工程院王汉中院士领衔的农业科技联盟，举办第六届全球农业科学院院长高层研讨会和首届全国农业科技成果转化大会，成都农村产权交易所联网覆盖省内18个市（州）、120个县（市、区）。农产品交易、品牌孵化等平台服务能力不断增强。

（六）要素保障有效加强

不断完善政策配套保障体系，出台现代农业功能区及园区建设考评激励实施方案、都市现代农业产业精准支持行动计划等系列文件，初步形成了系统推进都市现代农业产业生态圈的政策体系，有效推进了都市现代农业产业功能区建设管理体制改革，为人才、土地、资金、服务等要素供给提供了有效保障。

二、2019年成都市都市现代农业产业功能区建设成效

2017年以来，成都市以7个现代农业产业功能区作为都市现代农业产业生态圈的基石和平台，系统推进全产业链发展，共绘产业生态圈。通过3年的建设发展，农业产业功能区发展成效显著。

（一）中国天府农业博览园

中国天府农业博览园规划面积129平方千米，涉及新津区兴义、宝墩、安西3个镇，核心区面积13平方千米，起步区"天府农博岛"面积6.9平方千米。中国天府农业博览园作为四川农博会永久举办地，以农业博览和农商文旅体科融合为主导产业，

突出兴义"农博"、宝墩"文博"、安西"渔博"3个特色小镇建设，依托科技示范项目，带动形成多个连片都市现代农业基地，推动农商文旅体科深度融合，被评为成都"十大乡村周末旅游目的地"，获批"国家级农村产业融合发展示范园"。举办2019首届成都乡村振兴创享会、第六届国际农科院院长高层研讨会新津分会暨第二届国际山地农业研讨会、中国天府农博园乡村振兴产业峰会暨乡村振兴产业实验室成立大会、兴义论坛等国际、国内会节活动数十场次。同时，采取"管委会+投资公司+合作社"运行方式，引进蓝城农旅等25个项目，成功打造张河·果园子·共享农庄，建设农业博览综合服务平台和农业科技创新服务平台，努力呈现"永不落幕的田园农博盛宴、永续发展的乡村振兴典范"，如图1-1所示。

图1-1　中国天府农业博览园概述

（二）都江堰精华灌区康养产业功能区

都江堰精华灌区康养产业功能区总面积254平方千米，涵盖天马镇、聚源镇、石羊镇3个乡镇，59个社区，1 130个村民小组，约22.3万人口。功能区有耕地约23.68万亩、园地3.13平方千米、林地1.31平方千米、城镇村及工矿用地51.81平方千米、交通运输用地11.56平方千米、水域及水利设施用地19.14平方千米、其他土地4.83平方千米。2019年农业总产值达19.2亿元；农业固投达8.15亿元；农民人均可支配收入达

23 861元；休闲农业与乡村旅游接待游客360万人次，综合收入7.2亿元。都江堰精华灌区康养产业功能区肩负着率先在"西控"核心区域打通"绿水青山"向"金山银山"转换通道的重任，始终坚持人城境业融合发展理念，以打造国家千年农耕文明名片、建成全球重要农业文化遗产地及国际田园康养旅游目的地为目标，规划"一体两翼、两轴三区"的整体空间格局，实施以"理水、护林、亮田、植绿、彰文、兴业"为主要内容的生态保护修复和农商文旅体养融合发展，形成"新型产业社区、特色镇、川西林盘"互为支撑的大美生态田园形态，如图1-2所示。

图1-2　都江堰精华灌区康养产业功能区概述

（三）温江都市现代农业高新技术产业园

温江都市现代农业高新技术产业园围绕都市农业、医养健康、文创旅游三大主导产业，以现代农业高新技术研发、孵化、培育及大园艺产业为核心，推动都市农业、医养健康、文创旅游融合发展。一是都市农业以"农业+创新"融合发展为路径，充分整合四川农业大学、成都市农林科学院等高校院所科研资源，校地共建国家级重点实验室2个，聚集部省级农业重点实验室21个，构建环四川农业大学知识经济圈，建成运营农高区创新中心（一期），入驻农业科技企业30余家。二是医养健康依托温江区富集的"三医"资源，打造医养康复新场景，引进国寿嘉园、新桃源康养村落、心灵湖康美小镇等一批康养项目。三是文创旅游形成以国色天乡童话世界、水上乐园、陆地乐园等为核心的主题游乐组团，建成65千米绿道环线，合作开发经营九坊墅宿、淼兮帐篷客等精品民宿项目，提档升级和盛紫薇双创公园、寿安百花盆景园、万春和林农耕园等特色景区和精品园林13个，成功打造鲁家滩湿地公园、幸福田园等一批"网红景点"，建成投运"龙腾·梵谷"特色餐饮及"七彩海巢"亲子游乐等强链补链项目，如图1-3所示。

图1-3　温江都市现代农业高新技术产业园概述

（四）天府现代种业园

天府现代种业园是成都市唯一以现代种业为主导产业的功能区，是承载四川省"10+3"农业产业体系先导性支撑产业（现代种业）的核心功能区。功能区规划面积约170平方千米，主要覆盖6个乡镇（街道），总部区面积约2.1平方千米。天府现代种业园于2019年成功入选国家现代农业产业园创建名单，成为西南地区唯一的国家级种业园区。天府现代种业园1平方千米核心起步区种子检测中心、种业科创中心等标志性建筑已建成投运，并搭建起科技研发、种业孵化、公共服务等"一库一院五中心"重大功能平台，呈现出良好的形象展示和功能承载。目前功能区建成以杂交水稻（2.8万亩）为主的种业基地3.5万亩，年繁殖水产种苗2.3亿尾，年生产马铃薯原种3 400万粒，畜禽（蜂）遗传资源保（育）种场4个，如图1-4所示。

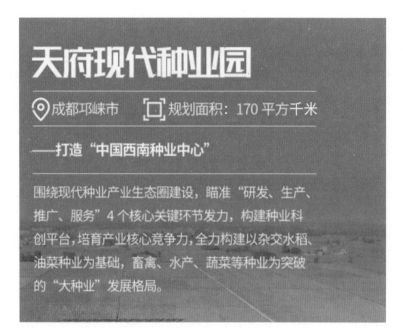

图1-4 天府现代种业园概述

（五）崇州都市农业产业功能区

崇州都市农业产业功能区突出优质粮油及农商文旅体融合发展主导产业。2019年，主导产业总产值达192 870万元，占功能区农林牧渔总产值的92%；农业总产值达209 648万元，亩平均农业总产值8 063元，高出全市平均水平1 367元，比全市平均水平高出20.43%；土地规模经营率达86%，优质粮油规模经营率达92%。崇州市重点从以下方面推进功能区建设：一是巩固产业基础，由华川集团组织实施10万亩"水稻+"产业基地建设，打造东方稻创达沃斯小镇，搭建天府好米运营平台，让崇州造粮油"上京东、卖苏宁、进红旗"。二是加强科研创新，与中国农业科学院、四川省农业科学院、成都市农林科学院等科研单位深度合作，建成长江中上游优质粮油中试熟化、四川农业大学"两化"科技服务总部、成都市农林科学院科技成果转化、成都农业科技职业学院双创"四基地"。三是加快企业集聚，建成中化现代农业四川总部，集聚了先正达、安道麦、五粮液等行业领军企业，为全川10个市州、36个县、85万亩粮油基地提供全产业链综合服务。建成1 000亩的粮油食品加工园，入驻企业29家，为功能区产业发展奠定了坚实基础。四是注重产业融合，落地总投资192亿元的农商文旅体融合发展项目19个，已建成风吹稻花、竹艺村、凡朴生活等农商文旅体融合示范项目，成功创建天府国际慢城AAAA景区，5个AAA级林盘景区，如图1-5所示。

图1-5 崇州都市农业产业功能区概述

（六）金堂食用菌产业园

金堂食用菌产业园，规划面积118平方千米，主要发展食用菌、农产品精深加工产业和农商文旅体融合发展产业。功能区内食用菌种植品种主要为羊肚菌，栽培面积7 500余亩。目前功能区已有四川新雅轩生物科技有限公司和四川雅乐鲜生物科技有限公司2家市级龙头企业。新签约的成都如珍现代农业科技有限公司西部地区食用菌工厂化生产项目，由国家级龙头企业江苏裕灌现代农业科技有限公司参股注资。园区已基本形成食用菌从研发、菌种培育到栽种、生产再到精深加工、物流交易的全产业链集聚，如图1-6所示。

图1-6 金堂食用菌产业园概述

（七）蒲江现代农业产业园

蒲江现代农业产业园是国家级现代农业产业园，面积337.4平方千米，主要覆盖1街道3镇74村（社区），主导产业为24万亩柑橘和猕猴桃。功能区聚焦"一核五体系"，围绕核心区集聚标准化种植、农业科研、冷链仓储物流、电子商务、农旅融合等功能，打造"有机绿谷、世界果园"。2019年功能区总产值达97.4亿元，"蒲江丑柑""蒲江猕猴桃"两个国家地理品牌价值分别达85.61亿元、120.98亿元，同时入选"2019年中国区域品牌价值50强"。功能区引育了中粮、中通、新发地、佳沃、原乡等21家农业产业化龙头企业，申通、顺丰等20家物流龙头企业、三匠、众润、蒲议等15家农产品精深加工龙头企业，建成了10万吨水果气调保鲜库，水果商品化处置率达到95%；现有涉农行业组织41家，培育新型农业经营主体2 000家，农业社会化服务组织110家，电商主体4 791家（2019年电商销售额13亿元）；推进农商文旅体融合发展，建成了国际猕猴桃公园；开展院校企地合作，与中国科学院、四川农业大学等科研院所设立合作平台，引培优新品种25个，累计转化科技成果20余项，新增国家发明专利申请1项，如图1-7所示。

图1-7　蒲江现代农业产业园概述

第二章　成都市都市现代农业产业生态圈发展展望（2020—2025 年）

第一节　成都市都市现代农业产业生态圈战略定位

以新发展理念为指引，紧紧围绕成渝地区双城经济圈建设，结合乡村振兴战略和成都都市圈、公园城市示范区建设，聚焦服务城市、营造城乡生活场景等功能定位，突出再造成都都市圈农业品牌，努力将都市现代农业产业生态圈建设成为：

国际化大都市供给保障的新基地；

城乡融合发展场景营造的新载体；

区域要素协同创新发展的新典范；

都市现代农业高质量发展的新高地。

第二节　成都市都市现代农业产业生态圈构建思路

一、基本原则

——坚持市场主体，强化政府引导。以市场化手段为主要动力，坚持企业市场主体地位。注重政府引导与市场机制相结合，加强政府引导和指导，强化政策宏观管控，围绕推动优质企业、尖端人才、产业基金等资源集聚，构建有利于产业生态圈建设的产业政策环境、国际化无差别的营商环境和公共服务体系。

——坚持强基优质，加速多态融合。注重农业基础功能保障能力提升，强基固本，增强优质农产品供给保障能力，做强做优农产品供给基础功能。强化农业多功能协同发展，系统推动农商文旅体融合发展，营造产业融合发展新场景，推动产业多业态融合，充分发挥农业服务现代大都市的作用与功能。

——坚持科技创新引领，激活内生动力。以企业需求为导向，聚焦行业细分领域和产业链关键环节，以更加开放的思维，建立"政产学研用"产业联盟。充分发挥"政产学研用"综合优势，通过协同创新、融合创新，激发创新活力和自主创新能力，不断增强内生动力，推动都市现代农业产业生态圈持续健康发展。

——坚持错位协同，推动融合共生。统筹推动产业生态圈内部协同发展，探索功能区间高能级产业集群共建协作模式。推动产业生态圈融合共生，增强都市现代农业产业生态圈的发展能级。以成德眉资农业协同发展为重点，推动都市现代农业产业生态圈覆盖成德眉资，辐射成渝地区双城经济圈，构建区域都市现代农业产业生态圈发展共同体。

二、总体思路

坚持以党的十九大精神和习近平新时代中国特色社会主义思想为指导，贯彻中央关于成渝地区双城经济圈建设的决策，认真落实中共四川省委十一届七次全会、中共成都市委十三届七次全会部署，以成渝现代高效特色农业带建设为抓手，以成德眉资协作经济带和交界地带融合发展为先手棋，强化成渝产业圈协作产业链合作，围绕"强基提质保供给、强链补链成集群、创新融合拓功能、区域协同促共生"，突出同城化保供、头部企业引领、科技创新引擎、多维度协同融合，推动配套链、供应链、价值链和创新链四链协同驱动，加速都市现代农业聚链成圈，呈现"要素资源集成集约、产业配套合作紧密、生产生活生态协调、区域融合共生"的都市现代农业产业生态圈发展形态，推动都市现代农业生态圈高质量发展，最终形成以成都、重庆为双核心、辐射成渝双城经济圈的成渝地区"一圈双核"都市现代农业产业生态圈。

第三节　成都市都市现代农业产业生态圈发展目标

一、总体目标

以产业生态圈建设引领行业先进要素集成集聚和优势资源交互开放，以产业生态环境优化为重点，系统整合配套链、供应链、价值链、创新链，使得产业集群集聚更加明显、供给能力更加高效高质、农业多功能性展现更加多元立体、区域产业错位协同更加科学紧密，形成都市现代农业规模供应效应，协同增强同城化农业核心竞争力，不断增强都市现代农业产业生态圈发展能级，构建形成完善的同城化保供系统，建成产业高质量发展的示范基地、多业态融合的创新中心、科技创新与成果转化的服务中心，将都市现代农业产业生态圈打造成为具有国际影响力和竞争力的都市现代农业品牌。

二、阶段目标

按照"五年两步走"的行动计划设想，设立两个阶段具体工作。

2020—2022年，强力开展"米袋子""菜篮子"强基行动，提升农产品供给保障能力。加速推动新产业新业态融合创新。瞄准行业头部企业，协同开展头部企业引进行动，系统推动配套链、供应链、价值链、创新链协同发展。依托科创空间建设，推动农业科技创新，增强种业、农业科技等领域竞争力。注重增强产业链条的稳定性，拓展产品销售渠道，增强都市现代农业发展的韧性。至2022年，在成都市都市现代农业产业生态圈带动下，实现全市农业增加值超过700亿元；农民人均可支配收入超过30 000元，年均增幅超过8%；城乡居民收入比力争达到1.82∶1。

2023—2025年，加速人才、资本、土地、科技等关键要素高效协同，推动产业集群化发展，都市现代农业产业生态圈成势，使得细分领域更加专业、竞争力显著增强，产业链同城化配套率显著提高，农商文旅体融合发展更具影响力，产业生态圈价值链显著增强。至2025年，在成都市都市现代农业产业生态圈带动下，实现全市农业增加值达到800亿元；农民人均可支配收入超过38 000元；城乡居民收入比例缩小至1.8∶1。实现产业细分方向更具优势，种业、农业科技等细分领域在全国具有较强竞争力。都市现代农业产业生态圈内的配套链、供应链、价值链、创新链系统集成水平增强。同城化保供系统构建完善。建设成为具有全国影响力的农商文旅体融合发展典范。

2025年后，着重推进成德眉资"产业链、供应链、创新链和配套链一体化"发展，联同成德眉资协同形成一批具有全国竞争力的农业细分领域，在成渝地区双城经济圈内实现协同联动，成渝产业圈协作和产业链合作更加高效。实现行业头部企业集聚集中，农业高品质科创空间成果转化覆盖成德眉资，成德眉资毗邻区域一体化发展水平显著提升，产业链同城化配套率显著提高，产业生态圈价值链进一步增强，形成具有国际影响力和竞争力的成都品牌。

第四节　成都市都市现代农业产业生态圈空间布局

聚焦融合共生，坚持内外协同，突出成德眉资同城化，不断优化生态圈空间布局，增强都市现代农业产业生态圈发展能级。充分发挥农业产业功能区引擎作用，不断做强现代农业园区支撑能力，健全农业产业功能区及园区的产业链、配套链，构建成都市都市现代农业产业生态圈"7+4"发展格局。强化成都首位城市辐射带动，推动产业生态圈建设的理念、模式和经验推广复制到成都都市圈乃至成都平原经济区，在形成成德眉资都市现代农业产业生态圈基础上，再逐步构建环成都都市现代农业产业生态圈。同时，借助成渝地区双城经济圈建设契机，增强成渝两地都市现代农业协同、合作力度，最终构建形成成渝地区"一圈双核"都市现代农业产业生态圈。

成都市都市现代农业产业生态圈"7+4"发展格局，以成都7个农业产业功能区为基石和平台，以国家、省、市、县4级现代农业产业园区为支撑，加快构建成都都市现代农业产业生态圈"7+4"发展格局，壮大成都都市现代农业产业生态圈支撑载体，引领成都都市现代农业高质量发展。

环成都都市现代农业产业生态圈，以成德眉资同城化为先手棋，共建都市现代高效特色农业示范区，加快布局若干农业产业功能区协作区，推动毗邻区域连片一体化发展，着力推动产业功能区及产业生态圈建设的理念、模式和经验推广复制到德阳、眉山和资阳，构建成德眉资都市现代农业产业生态圈。在此基础上，以点及面，联动乐山、雅安、绵阳和遂宁共同构建环成都都市现代农业产业生态圈。

成渝地区"一圈双核"都市现代农业产业生态圈，抢抓成渝地区双城经济圈建设契机，依托成渝现代高效特色农业带建设，以都市现代农业产业生态圈是成渝双城经济圈重要的组成内容为出发点，整合成渝两地农业优质产业发展资源，推动理念、模式和经验共享，携手做强优势、补齐短板，共同构建以成都重庆为双核心、辐射成渝双城经济圈的成渝地区"一圈双核"都市现代农业产业生态圈。

第五节　成都市都市现代农业产业生态圈重大任务

聚焦都市现代农业产业生态圈战略定位，对照发展目标，以成德眉资同城化发展为重要契机，推动发展理念、思路、政策协同，加强战略对接、政策衔接、功能链接，构建点线面结合的战略推进格局。

一、构建"米袋子""菜篮子"供应系统

（一）强化保供基地建设

围绕"东进、南拓、西控、北改、中优"战略，结合粮食生产功能区、重要农产品生产保护区、特色农产品优势区建设和都江堰精华灌区规划保护，进一步优化"菜篮子"产品生产基地规划布局。以现代农业产业功能区及园区建设为抓手，强化"菜篮子""米袋子"保障基地建设，推动粮油、蔬菜、生猪集群式发展。持续推进百万头生猪养殖、异地粮源基地建设，强化与省内其他市（州）合建联建蔬菜、生猪生产基地，推动"菜篮子"应急基地建设。

（二）建强供应链体系

依托功能区建设布局完善农产品流通网络，加大生产基地产地标准化冷链仓储物流设施完善，支持蔬菜生产基地配套开展分级、清洗、包装、冷链等产地初加工设施建设。搭建线上交易平台，推动益民菜市点位拓展、成都菜篮子保供中心等农副产品供应链体系建设，推动"产地—社区"直配模式探索与试点。联动全省市州，统筹构建高效一体物流集疏体系。

（三）健全保供合作机制

加强成都都市圈四地联动，组建产销对接协调常设机构，强化联动保供组织协调。围绕政策制定、信息共享、监管联动、资源整合、业务协同等方面，构建常态化、规范化协同联络机制。联动德阳、眉山和资阳，推动政策标准同城化。

二、推进产业高质量发展

（一）优化产业链体系

按照"补链、强链、优链"的思路，开展龙头企业招引，协同开展行业头部企

业和重点配套企业引进行动，促进产业集群发展。加快产业协作带和交界地带融合发展，推动产业供需适配和本地配套，系统推动配套链、供应链、价值链、创新链协同发展。

（二）加速农商文旅体融合发展

把农业及农业衍生产品的优势与文创、旅游、会展、博览、体育等有机结合，加快推进实施"农业+旅游""农业+文创""农业+康养""农业+会展"等系列行动，强化农商文旅体整体运营联盟和信息平台建设，构建农商文旅体融合发展体系，推动多业态创新融合，加速农商文旅体空间融合、业态融合、功能融合。

（三）推进特色品牌培育及输出

强化天府农博岛、温江都市现代农业高新技术产业园等都市现代农业产业功能区品牌培育，形成若干在全国具有一定知名度的都市现代农业产业功能区品牌。同时，以成都都市圈为重点，以成渝地区双城经济圈为腹地，对外输出理念、模式、人才、技术等，打造具有国际竞争力、影响力的都市现代农业产业生态圈品牌。

三、推进特色载体创新建设

（一）加速特色镇和川西林盘建设

以培育成都文化新名片为出发点，按照商业化逻辑，坚持"大地景观单元"新理念，将特色小镇、川西林盘与周边环境作为一个大地景观单元来高位策划、总体规划、精细设计，积极推动产业植入，注重与旅游、休闲、康养、互联网、会展等产业元素的深度融合，强化配套设施完善，不断创新场景营造，打造一批特色鲜明、产业突出的特色镇和川西林盘聚落，构建诗画川西坝、耕读田园景的天府农业新场景。

（二）强力推动高品质科创空间营造

坚持规划引领，按照"为企业提供'一站式'科技服务和高品质生活配套"的发展定位，聚焦创新人群生活需求，突出生活配套、休闲旅游等功能场景融合呈现，高质量编制完成都市都市现代农业产业生态圈核心起步区规划，做好天府农博岛、天府现代种业、温江农高园等高品质科创空间规划，扎实推进高品质科创空间建设。联合头部企业和第三方专业运营商，组建高品质科创空间管理运营实体，着力形成"政府+平台公司+专业机构"三方整合资源、共同参与运营管理模式，推动专业化、市场化和平台化建设运营。

四、推进体制机制改革创新

（一）完善工作运转机制

落实好"分管领导+市级部门+区（市、县）"的工作机制，由分管市领导牵头，系统研究生态圈的功能协同和产业政策，全局谋划重大项目招引、重点企业培育等重大问题。做实成都市都市现代农业产业生态圈联盟，聚合产业优势，营造发展环境，促进联盟单位创新发展、合作共赢。

（二）优化管理运营机制

按照"市场归市场、行政归行政"，进一步深化"管委会+投资公司"的管理运营机制。围绕强经济职能去行政管理，加快公布功能区管委会"三定"方案，明晰功能区职能职责。引导更多的社会资本参与建设，鼓励各地通过政府采购、项目招标、合同外包、委托代理、志愿者服务、公众参与等多种方式，建立功能区多元化的社会事业和公共服务投入体系和运行机制。坚持市场化和专业化用人导向，分类推动功能区工作人员管理办法改革，完善"员额制"管理办法。

（三）健全利益共享机制

探索构建功能区支持小农户融入大生产、大市场的支撑服务体系和服务机制，提升小农户经济效益和风险防范能力。建立健全区域协同发展利益机制，探索行政区与经济区适度分离，积极创建成德眉资同城化综合改革试验区，推动重大改革试点在同城化区域优先落地。加快要素跨区域流通机制创新，建立土地、科技成果、知识产权、人才信息等交易平台，推动金融机构跨区域协作和要素双向流动。

（四）分类评价考核机制

综合考虑地理区位、自然禀赋、产业门类等多方面的共性和差异性，结合成都乡村振兴考核激励办法，分类调整优化全市产业功能区考核评价指标体系。强化功能区建设评价考核机制，结合《成都市现代农业产业园建设考评激励办法》，制定《成都市产业功能区建设考评激励办法》，将相关部门、乡镇纳入考评激励范围，将功能区建设工作考核结果作为选拔任用领导干部的重要依据。

第三章　成都市都市现代农业产业生态圈发展全景图

第一节　成都市都市现代农业产业生态圈产业链结构

成都市已形成粮油、蔬菜、花卉苗木、伏季水果、茶叶、猕猴桃、食用菌、生猪家禽、水产、中药材十大特色优势产业，确定了农产品深加工、都市休闲农业、农村电商、森林康养、农产品物流、绿色种养六大重点产业，并依托农业产业功能区建设，按照"补链、强链、优链"的思路，发挥产业集聚效应，促进产业集群发展，在更高水平促进生产、加工、物流、研发、示范和服务等相互融合，促进产业转型、产品创新、品质提升，全面提升农业质量和竞争力，构建都市现代农业生态链生态圈。

一、成都市都市现代农业产业链全景图

成都市都市现代农业产业链全景见图3-1。

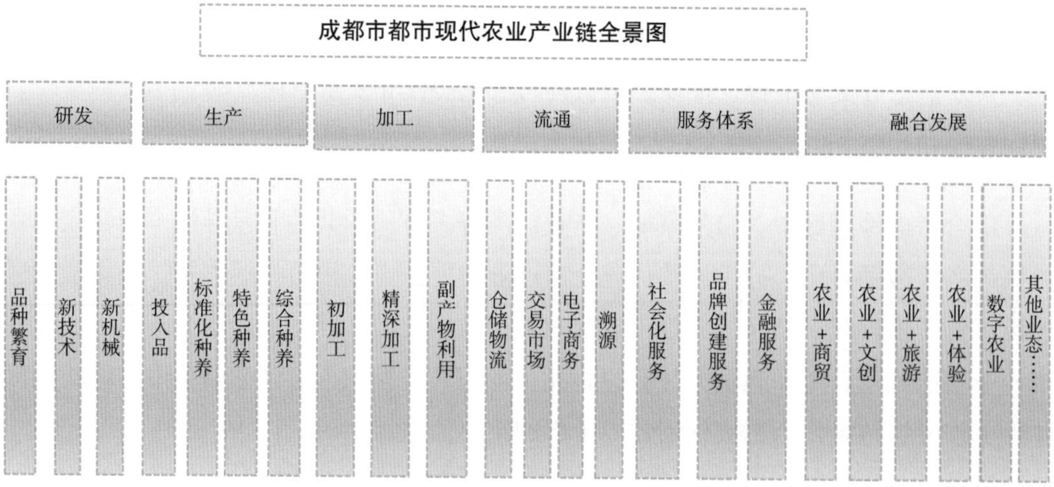

成都市都市现代农业产业链全景图

研发	生产	加工	流通	服务体系	融合发展
品种繁育 新技术 新机械	投入品 标准化种养 特色种养 综合种养	初加工 精深加工 副产物利用	仓储物流 交易市场 电子商务 溯源	社会化服务 品牌创建服务 金融服务	农业+商贸 农业+文创 农业+旅游 农业+体验 数字农业 其他业态……

图3-1　成都市都市现代农业产业链全景示意图

（一）农业研发环节

1. 国外发展趋势

国外发达国家农业科技研发方向主要集中在种质资源保护与开发利用、动植物重大疾病防治技术、农业设施装备等方面。作物种质资源保护与开发利用不断向精准化、高效化、系统化迈进。植保产业向重视低毒、绿色防控方向发展，不断加强动物传染病防控基础设施建设，为疫病流行病学、快速诊断和监测预警研究提供了重要保障。农业设施装备不断加大研发投入，在农业机械改良、农业机械实用化、高效能农业作业技术、农产品收获后处理机械化技术、农业机械性能品质评价等方面成果显著。

2. 国内发展形势

国内农业科技研发主要方向与国际基本保持一致，国内农业科技研发的主体主要集中于高校和科研院所，以及国内大型种业企业。国内农业科技研发实力领先的高校和科研院所有中国农业科学院、中国农业大学、各省农业科学院等。

3. 成都情况

成都市拥有国家成都农业科技中心、四川农业大学、四川省农业科学院、成都市农林科学院等农业高校院所，已建设天府现代种业园、温江都市现代农业高新技术产业园两个科技研发型产业功能区，已建成一批中试熟化基地、特色产业示范基地、专家大院，研制的新品种、新技术、新产品等在蓉就地转化，成都市农业科技在品种繁育、新技术应用等方面已取得长足进步。

4. 存在不足

种植资源开发利用不足，品种创新和研发投入相对较少，科技支撑不强、基因库开发不高，自主品种缺乏。农机装备结构不合理，蔬菜、中药材等成都特色优势产业的机械化程度不高，缺乏相应的技术和装备。

5. 发展策略

依托国家成都农业科技中心，加强与全球高校、科研院所交流合作，积极发挥在蓉科研机构和高校的科技实力，加大对本地研究机构研发扶持，开发和推广适宜的优良品种和配套生产技术，积极促进科技成果转化，做强成都农业研发转化产业链条。

（二）农业生产环节

1. 国外发展趋势

在作物生产方式上已经形成了机械化、轻简化、标准化、生态化的技术体系，作物生产向绿色高效方向转型。动物生产向生态健康与清洁生产方向转变，生态健康养殖生产方式及其配套设施装备技术逐渐开始应用，新型生产方式更加注重畜禽本身健康的提升、减少用药以保障产品安全，更加注重养殖环境的调控，严格限定养殖污染物的排放管理，对技术装备的依赖更加明显且智能化程度不断提高。

2. 国内发展形势

国内农业生产以"一控两减三基本"为目标，围绕"推行绿色生产方式，增强农业可持续发展能力"来谋篇布局，以提高农业供给质量，加大绿色、高效、高质农业发展进度，提升我国农产品在国际市场的竞争力和影响力。

3. 成都情况

成都市科学划定332万亩国家级粮食生产功能区和重要农产品生产保护区、300万亩特色农产品优势区。基本形成了以优质粮油、蔬菜、花卉苗木、伏季水果、茶叶、猕猴桃、食用菌、生猪家禽、水产、中药材为主的十大优势特色产业，已建设崇州都市农业产业功能区、蒲江现代农业产业园、金堂食用菌产业园、龙泉山"梦里桃乡"水蜜桃产业园、天府蔬香现代农业产业园、简阳伏季水果现代农业产业园等农业产业功能区及园区，大力推广农业绿色循环低碳生产方式，探索种养循环、物联网应用等发展模式。2019年，全市"三品一标"已达1 362个。

4. 存在不足

农业生产规模化、标准化生产水平待提高，现代化设施和装备应用不足，绿色生产技术、防灾技术等方面发展有待进一步提升，智能化、智慧化信息技术应用还不广泛，产业综合生产收益不高。

5. 发展策略

提升农业生产标准化水平，大力发展标准化农业、循环农业和综合种养，大力推广绿色生产技术，加快建立农业绿色生产技术体系，加强数字农业、智慧农业的应用，强化农业智能化机械的研发与应用，促进和规范生产经营主体科学、高效生产，夯实产业链基础。

（三）农产品加工环节

1. 国外发展趋势

在农产品加工方面，分选包装、高效绿色制冷技术、绿色防腐保鲜技术、新型绿色包装开发和智能化信息监控技术与装备创制等是主要发展趋势，绿色制造技术、高效节能技术正成为农产品加工业发展的新亮点。富含某些营养素的特色食品和具有预治疾、保健功能的农产品食品加工也是国外发展的重要方向。

2. 国内发展形势

国家大力扶持开展农产品加工，推进农产品加工转型升级。积极鼓励扩大产地初加工覆盖面，鼓励提高果蔬初加工率，提高商品化程度。积极推进农产品精深加工重心下沉，加快在粮食生产功能区、重要农产品生产保护区、特色农产品优势区布局精深加工项目，提高农产品附加值。大力支持提高秸秆、畜禽皮毛骨血、水产品皮骨内脏等副产物综合利用水平，实现资源循环利用。积极促进加工产业集群发展。

3. 成都情况

以科学规划为先导，以产业化、园区化为突破口，引进培育农产品深加工龙头企业，发展农产品加工业，农产品加工产值与农业增加值比值逐年增大。形成了以郫都"中国川菜产业化园区"、邛崃"绿色食品加工园区"、蒲江现代农业产业园、金堂食用菌产业园等为代表的农产品加工园区快速发展，全市初步形成五大农产品加工产业集群。培育了以新希望集团、丰丰、新荷花、通威、巨星等为代表的知名农产品加工企业，农产品加工业集约发展初具规模。

4. 发展不足

成都市农产品加工企业总体还处于较低水平，加工链条较短，猕猴桃、伏季水果、蔬菜初加工企业数量少，规模小，满足不了生产需求。精深加工企业较为缺乏，精深加工产品类型少，精深加工率低，资源利用率差。综合开发的产品为数不多，副产物综合利用水平不高。

5. 发展策略

聚焦区域主导产业定位，定向、精准开展加工企业招引工作，针对性地引进目标企业，补齐产业链加工短板。加快发展农产品初加工。大力发展农产品产后分级、包装、营销等环节，提高农产品的商品转化率，进一步优化产地初加工设施建设布局，实现就地就近整理、分级、清洗、冷藏、烘干、包装等商品化处理，加强技术指导，提高初加工设施综合使用效率。加快发展农产品精深加工。重点发展粮油、蔬菜、肉类、水果、茶叶、食用菌等农产品精深加工业。重点开展农产品及其加工副产物综合利用，推进循环利用产业发展。

（四）农产品流通环节

1. 国外发展趋势

发达国家在农产品运输、储存上主要依靠其防腐保鲜技术、产品冷链物流、完善的物流配套系统，进行产品批发和农产品直销，而生鲜农产品通过互联网进行农产品销售的比例并不高，保鲜技术和完善的物流系统是发达国家农产品流通的主要保障。

2. 国内发展形势

我国大力建设农村物流体系，加强农产品产地市场体系建设，支持农产品冷链物流发展，开展农产品供应链创新，鼓励发展线上农产品促销、农资促销、网络直播等互联网营销渠道，建立起以批发市场为核心，农贸市场为基础，连锁超市、物流配送和电子商务等为先导的现代农产品市场流通体系，农产品互联网销售水平具有国际领先优势。

3. 成都情况

成都市依托四川国际农产品交易中心、成都农产品批发市场两大区域性市场，以17个产地批发市场为枢纽，中心城区近230个标准化菜市场、5 000家零售及超市门店、500多家生鲜便民菜店为支撑的农产品市场流通体系。各农业产业功能区积极融入全市农产品市场流通体系，蒲江现代农业产业园着力建设水果产业物流港，新都区绿色蔬菜电商小镇着力发展农产品电商，青白江区现代农业对外开放合作示范园将成都农产品送上"蓉欧快铁"，金堂食用菌产业园着力建设农产品智慧交易物流中心，将成为辐射成德眉资、川渝城市群的成都东北门户。2019年，成都市农产品电商销售额突破110亿元。

4. 发展不足

成都市农产品流通存在的问题主要体现在冷链物流集成应用不足，物联网技术行业应用融合度不高，冷链物流基础设施建设仍然滞后，产地农产品采后预冷设施普遍缺乏，大型冷链物流企业较少，冷链物流信息化水平还比较低，流通渠道有待进一步拓展。

5. 发展策略

围绕农业产业基地建设，解决"最初一公里"问题，实施农产品冷链物流设施改造建设工程，加强冷链运输能力建设，强化冷链物流技术、物联网技术、电子商务等领域的创新发展，增强冷链物流集成应用能力，开展物联网技术行业应用试点示范，加大冷链运输头部企业精准招引，补强冷链流通环节。健全完善追溯管理与市场准入的衔接机制，加快培育、引进短视频、直播等新型营销企业，拓展农产品流通渠道，创新农产品及服务输出方式。

（五）农业服务环节

1.国外发展趋势

国外农业服务主要呈现出高度市场化和服务多元化的特点。发达国家通过综合性合作社、专业化企业，为农民提供专业生产、信贷、销售、经营指导等各方面的服务，基本形成了比较完善的产前、产中和产后的农业社会化服务体系，可以满足经营者的全产业、全环节服务需求。

2.国内发展形势

国家积极培育多元化服务主体，重点支持面向小农户的社会化服务，推动资源整合利用，积极支持各类主体进入农业服务领域，为农户提供生产性服务。围绕同一产业或同一产品的供应链，鼓励多主体以资金、技术、服务等要素为纽带，开展联合与合作，实现功能互补，融合发展。利用政府购买服务、建设公共服务平台等方式，在产后的市场营销、品牌建设、金融保险等环节，为经营主体提供顾问式、菜单式服务，提高服务针对性和有效性，加快构建立体多元、功能互补、复合高效的社会化服务体系。

3.成都情况

成都市鼓励各类服务组织围绕全产业链的重点环节，为农业生产和服务对象提供农机作业、农资采供、产品营销、农业科技、统防统治、农业信息、产品质量监测、品牌培育、法律政策咨询等服务，着力构建以公共服务机构为依托、经营性服务主体为骨干、其他社会力量为补充的一体化服务组织体系。建立以"农贷通"为载体的"三农"特色金融服务体系，探索创新农业供应链金融模式。崇州都市农业产业功能区建立四川农村社会化服务总部崇州中心，搭建现代化农业技术服务平台，推动农业生产服务专业化、集团化、国际化发展，创新生态链。2019年，全市农机合作社、农资放心店和庄稼医院、劳务合作社等农业社会化服务机构发展到5 141家，产业化企业1 000多家。

4.发展不足

多元化服务发展不足，农业社会化服务组织服务领域主要集中在产业前端和部分产业中端，如农机服务、农资供应、瓜果蔬菜种苗繁育、技术指导等环节，而在病虫害统防统治、农产品收储、产地初加工、市场营销、农业金融等领域均比较缺乏，"生产全托管、服务大包干"的全程社会化服务体系还有待完善。

5. 发展策略

建立健全农业社会化服务体系，加快完善公益性服务和经营性服务相结合、专业性服务和综合性服务相协调的服务机制，鼓励支持农业社会化服务组织从单一环节服务向综合性全程服务发展，开展一体化全程式服务。推进新型农业社会化服务体系中各主体的相互配合、相互协作，提高农业社会化服务的综合效益。制定出台相关政策，加大对农业社会化服务主体的财政支持力度，提升综合服务能力，优化农业产业服务链。

（六）融合发展环节

1. 国外发展趋势

都市现代农业的发展更加注重农业多功能并举、产业融合发展。美国纽约都市现代农业发展形成了注重生产、经济功能，兼顾生态功能的特点。法国巴黎大力发展会展农业，以巴黎国际农业博览会带动城市餐饮、旅游融合发展。日本东京大力发展市民农园，为市民提供与农业直接接触的体验机会，同时通过发展都市田园学校、学校农园、绿化中心，既满足了当地消费者对本地农产品的消费需求，也满足城市街道绿化需要，提高产业价值。

2. 国内发展形势

我国积极培育农业产业化龙头企业、农民合作社、家庭农场等融合主体，引导融合主体聚焦农业两头、生产两端，跨界配置农业和现代产业要素，拓展农业多种功能，推进农业与旅游、教育、文化、健康养老等产业深度融合，推动"农业+"多业态发展，培育乡村休闲旅游、数字农业等新产业新业态。

3. 成都情况

成都市以农业产业功能区为载体，深化农业供给侧结构性改革，坚持"农商文旅体融合发展"的思路和全域景区化、景观化的理念，实施"农业+旅游""农业+文创""农业+康养""农业+会展""农业+电商"等系列行动，加快形成新的发展方式和发展动能，构建一二三产业融合发展的现代农业产业体系。2019年，全市乡村旅游总收入达489.2亿元。

4.发展不足

农村产业融合发展项目个性不够突出，发展模式单一，休闲农业和乡村旅游的特色内涵、农耕文化、传统文化、人文历史、民族特色等有待进一步挖掘。新产业新业态培育力度待加强，"互联网+"运用不足，缺少品牌塑造，特色镇、新村建设和文化建设之间的融合发展局面尚未形成，农商文旅体融合需进一步提质优化。

5.发展策略

全球招引创新、设计团队，打造多元化消费场景，优化产业形态。以"农业+"为基础，聚焦重点头部企业，强化招商、精准供给，以项目为抓手，积极培育新产业新业态，营造新消费场景，以农业产业功能区为核心载体，强化要素集聚、产业集群，打造农商文旅体融合发展先行区。

二、以功能区主导产业为核心的产业链构建

（一）明确主导产业

农业产业功能区主导产业发展方向明确，涵盖粮油、水果、蔬菜、种业等优势特色产业和基础产业以及博览会展、科技研发、农业康养等新业态。各农业产业功能区以农商文旅体融合发展为方向，精准定位1～2个主导产业（表3-1），协同形成成都市都市现代农业产业体系。

表3-1　农业产业功能区主导产业一览

功能区名称	主导产业方向
中国天府农业博览园	农业博览、农商文旅体科教融合
都江堰精华灌区康养产业功能区	精准农业、田园康养、文化旅游
温江都市现代农业高新技术产业园	都市农业（科技研发、技术服务等）、医养健康（田园康养、康复医疗等）、文创旅游（科普教育、乡村民宿等）
天府现代种业园	高端种业、粮油、农商文旅体融合
崇州都市农业产业功能区	优质粮油、农商文旅体融合
金堂食用菌产业园	食用菌（羊肚菌、姬菇等）、绿色食品精深加工、农商文旅体融合
蒲江现代农业产业园	柑橘、猕猴桃等特色水果、农产品流通、农商文旅体融合

（二）构建产业链条

农业产业功能区围绕主导产业，结合各自发展实际和未来发展方向、发展需求，围绕主导产业协同配套，聚焦主导产业发展薄弱和缺失环节，对内加强培育，支持现有具备产业链基础的经营主体做大做强，对外"招大引强""招高引新"，有针对性地引进目标企业，补齐产业链短板，完善产业链条，加快促进产业集群，形成集聚效应（表3-2）。

（三）完善产业链体系

农业产业功能区围绕主导产业，实施补链、强链、优链行动，加快构建完善的产业链体系，在不断优化产业链的基础上积极拓展农业的多功能性，打造农商文旅体融合发展的新场景、新模式、新形态，探索、实践生态价值转化，提升产业整体价值，促进农业产业功能区高质量发展。各农业产业功能区完善产业链体系的举措如下。

1. 中国天府农业博览园

依托数字经济引擎，突出农业博览主题，完善农商文体旅科教融合链条。围绕兴义"农博"小镇，重点打造"一区两园"。依托农博园核心区产业集聚优势配套发展复合农博论坛服务、农旅滨水休闲等特色产业，建设体验浸没式农业博览公园，依托羊马河两侧建设农旅田园、创意田园、科技田园，展现多样化的农业景观形态，建设全国农业高端服务业集聚区、四川乡村旅游目的地、国际农业博览特色镇，创建国家农村产业融合发展示范园，培育"农博+"产业集群。围绕宝墩"文博"小镇，重点延长粮油产业链条。挖掘开发古蜀宝墩稻作文明，聚焦文商旅融合消费新场景打造，加紧推进太平场TOD文博公园社区、万街宝墩记忆、味稻林盘董祠堂和稻虾音乐主题林盘·谢家院子等项目，集成提升"宝墩276"区域生态农业品牌价值，建设宝墩国家级农业产业强镇，让宝墩文化可感可见、触手体验，做实"宝墩稻香·农博粮仓"IP，打造文博"微旅游"和"微度假"目的地，培育"文博"产业集群。围绕安西"渔博"小镇，重点提升省级稻渔现代农业园区。依托"稻—（油）菜—渔"现代农业园，坚持生态打底、科技支撑、美食引领，大力发展特色鱼类养殖、研发、加工及鱼类赛事，重点培育鱼文化工艺品及鱼影视文化创意，打造生态渔博、科技渔博、休闲渔博"三维一体"基地，建设新天府新乡村文旅渔博示范区，创建国家现代农业园区、省级渔米之乡，培育"渔博"特色产业集群。

表3-2　农业产业功能区单元化产业链分析

名称	环节	研发	生产	加工	流通	服务体系	融合发展
中国天府农业博览园	关键短板	产业研发协调发展平台暂未形成	农业生产规模小，示范带动力不强	技术信息不对称，种植农户与加工企业协调差	本地龙头企业未形成成熟的开发模式	配套服务机制缺乏有机融合，没有形成叠加效应	展会以阶段性会展为主，缺乏持续性会展览览运营机制
	发展方向	围绕天府农博中心，提供创业空间；围绕中国农业大学打造四川现代农业产业研究院	以设施农业综合体为示范，打造现代都市型农业	在做强做优做大上下功夫，提高产业集聚力	围绕中国农业科学院、希望集团打造设施农业综合体、西南科技农业集成展示中心	打造"农博为本+效益为主+产品为辅+科普为乐"综合产业配套服务平台	引进具备农业博览展示经验的机构，制定不间断会展博览机制
都江堰精华灌区康养产业功能区	关键短板	总体研发不足，企业各自为政，成果转化率低；研究成果针对性弱	耕种模式传统，集约化不足，规模效应不明显，农产品品质不高	精深加工不够，加工工艺落后，产品品种少，附加值低	营销模式传统，品牌意识不强，宣传力度不够，冷链物流和仓储设备不足	整体发展不足，服务水平不高	整个产业目前还处于初期阶段，还设有形成体系和规模
	发展方向	搭建统一的研发平台，推动产学研一体化建设，针对本地特色开展研发	引进新品种，提升品质；采用精准耕种模式，提升效率	引进先进加工生产工艺，细分产品市场，开发个性化、精准化、高端化产品	利用农业总部经济平台，统一打造地理区域品牌标志，规范市场和营销管理，打造一站式购物平台	大力培育，引进服务企业	抢抓市场机遇，积极引进康养服务机构，打造健康管理服务基地

（续表）

名称	环节/短板	研发	生产	加工	流通	服务体系	融合发展
温江都市现代农业高新技术产业园	关键短板	园区内有较强科研基础，成果转化率较低	花木种植存在"量大链短、品价双低、模式传统"不足	精深加工不够	专业性花木贸易、农资销售、冷链物流等企业缺乏	农业生产较为传统，急需运用信息技术介入生产过程，提升农产品质量	园艺疗法、农事体验项目缺乏，缺乏综合型中医康保健机构
	发展方向	提升环四川农业大学知识经济圈的科技成果转化，成果转移的"双转化"效率，加快农科城建设	高端盆景打造，新型花卉育种，家庭园艺品种，实现花木更新化和消费市场化	引进精深加工企业，强化园艺产品研发	面向重点花木企业，联合线上线下花木重点招引商，重点招引花木分类包装、专业花木物流、高端冷链物流等龙头企业	引入农业物联网系统，提供农业大数据支持服务、完善管理体系，提升农业生产中的科技含量	招引国内外知名温泉养身品牌，打造独树一帜的田园康养产业标杆，打造个性化中医康化中医康管理服务综合体
天府现代种业园	关键短板	专业公共研发和检测平台市场化水平偏低，缺少行业头部企业，研发能力较低	农业生产智能化、机械化程度不高，成本相对较高	缺乏大米加工类龙头企业带领，精深加工不够，文化打造品牌打造不够	重大流通项目正在建设中，尚未发挥作用	服务体系不完善（安全服务、质量评价、产权保护），品牌效益不高	产业互动关联度不强，产业发展平台缺失
	发展方向	深化与知名高校合作，加快引进研发、育种，推广一体化研发，引进行业头部企业	加快推进园区智能化和机械化建设，提高人员专业化程度	重点引进和培育大米加工龙头企业	推动项目建设，完善服务园区流通体系	加快建立、健全服务体系	延长产业链，增加价值链，增强产业发展能级，突出种业价值转化

（续表）

名称	环节	研发	生产	加工	流通	服务体系	融合发展
崇州都市农业产业功能区	关键短板	专业技术研发机构和公关研发和监测平台数量不足	粮食质量不高，缺乏龙头企业带动发展	精深加工占比不足，高加值产品较少	重大流通项目在建设中，尚未发挥作用	相关合作领域较少，引进企业数量不足	农业与其他产业结合程度不深，农业附加值未能得到提升
	发展方向	打造政产学研综合创新平台，建设长江中上游优质粮油中试熟化基地与优质粮油"两化"科技服务总部	优化品种、创新模式，建设稻田综合种养标准化生产示范基地	引进先进粮油企业与精深加工技术，实现就地加工转化增值	加快推进项目建设，用好"崇州农特馆""农产品展销中心"和崇州旅游景点窗口等线下资源	建设辐射全川的农业社会化服务总部，推进服务功能园区化，产业发展链条化、规模经营集群化	重点推进一二三产融合创新，联动发展，着力培育新业态、新产品、新模式
金堂食用菌产业园	关键短板	缺乏专业技术研发机构	专业化程度不高，生产环境较差	食用菌加工产品较为单一，精深加工占比不足	专业交易市场缺乏，营销能力不足	科技成果转化等产业服务体系还不够完善	旅游业态发展单一，只有花卉观赏景区
	发展方向	建立食用菌产业技术研究院，构建产学研一体化协作联盟，打造西部食用菌研发硅谷	引进培育生产龙头企业，进行专业化分工，清洁化生产，促进产业转型升级	以食用菌功能性食品、保健品为主导，吸引培育精深加工型龙头企业	建立食用菌交易市场，配套冷链物流体系；依托智慧交易大厅，建立西部食用菌大数据平台，建立六大技术创新中心等专业化服务平台	建立产学研一体化发展联盟、专家工作站、专家智库、食用菌大数据中心、农产品质量提升数据平台、技术创新中心等专业化服务平台	构建菌旅融合发展的模式，打造特色示范区

（续表）

名称	环节	研发	生产	加工	流通	服务体系	融合发展
	关键短板	国际合作与交流不足，科技研发及创新相对较少	专用品种引进筛选和推广有待加强，土壤有机质普遍偏低，现代化农业装备应用不足	果品衍生功能产品开发不足	分选线处理能力不足；冷库容不足；冷链物流的领军企业较少	高端人才引进不足；测土配方及专用肥应用不足；缺乏先进便捷无损的检验检测手段	乡村旅游缺组织引领；文旅项目推进力度不够；配套设施待完善；品牌知名度不够
蒲江现代农业产业园	发展方向	加强与新西兰、美国、日本等国外及中国科学院等国内外先进研究机构开展深入交流与合作	引进专用品种，全面推行绿色（有机）生产集成技术，强化现代农业装备应用，建设出口备案基地	做强特色水果加工物流产业园，提升产业附加值	建立果品采后预冷处理制度；引进先进果品无损分选线；根据产品总量加大仓储和保鲜库容量，引进培育冷链物流领军企业	加强高层专业技术人员和职业经理人的引进和培养，推广应用绿色（有机）农产品标准化生产技术	打造一批在全省乃至全国有较大影响力的乡村旅游主题活动，完善乡村旅游干线、支线、绿道建设，完善旅游服务设施，提升旅游接待便件水平

2. 都江堰精华灌区康养产业功能区

围绕精华灌区自然资源禀赋着力推进农业产业链延伸。制定主导产业清单，做好官家花园、聚源竹雕、都江堰猕猴桃等文化遗存、非物质文化遗产和地理标志保护产品的转化利用，精心包装15个农旅融合产业链项目，构建具有显著区域特色和优势的绿色生态农业、农耕文化、林盘康养三大主导产业链条。充分发挥圣寿源、塔基松源等省级龙头企业的引擎带动作用，吸引绿色食品认证、农产品精深加工、有机检测等上下游产业链相关的企业集中集聚，进一步做大做强"绿色蔬菜质量安全联盟"和"精华灌区农业产业联盟"，提升核心品牌知名度和市场占有率。以"实体空间+柔性人才引进"方式，构建"4+2+N"科创空间体系，以集体建设用地入市推动土地整理，强化项目要素供给为保障，以完善基础设施配套、提高项目承载力为支撑，积极推动蓝城集团、远洋集团、锐丰集团等头部企业项目落地见效。

3. 温江都市现代农业高新技术产业园

按照"总部研发在温江、试验转化在周边"模式，构建以科技研发、技术转化、技术服务、会展商贸、农业金融等为核心的农业高新技术产业链，做强农高创新核，打造现代都市农业硅谷。推进花木进出口贸易园区等载体建设，按照前店后厂模式，引导成青路沿线品牌园林企业，打造成青路展贸融合示范带。大力发展"高端、精致、生态、静谧"为特色的医学美容、健康管理等农养融合产业，构建沿江安河"农养"产业示范带。以国色天乡游乐组团提档升级为核心，持续提升旅游产业链条，加快庆典城、星光影视城等强链补链项目；以"绿道环线+成青旅游快速通道"为纽带，打造花卉园林游览、高端民宿体验、运动健身休闲、康养医疗服务四大全域旅游消费新场景。

4. 天府现代种业园

围绕"中国西南种业中心"的总体定位，按照国家现代农业产业园建设标准、产业生态圈理念和产业功能区建设要求，全力将天府现代种业园创建成为国家现代农业产业园。精准产业定位，发挥"一库一院五中心"高能级功能平台引领作用，重点发展杂交水稻、油菜种业，拓展发展畜禽、水产等种业，着力构建"2+2+N"现代种业发展体系，力争3年内集聚现代种业企业40家以上，不断提升产业辨识度和显示度，成为集种子研发、品种检测、推广应用于一体的"种业硅谷"。强化高端协作，加强与日本、德国等国外先进种业机构共建科技孵化器、技术转移中心等离岸创新创业基地；深化与中国农业科学院等国内外知名科研院所、高校及中国种子协会等行业协会合作，共建产业研究院、种子交易中心等功能平台，力争将功能区纳入成都市国家科技成果转移转化示范区，全力争创省级、国家级农业科技园区。加速项目建设，启动实施标准化厂房、种业实验中心、种业博览中心、地展温室、人才公寓、商务酒店等12个重点项目，加快实施蔚峡林盘、种质资源圃及绿化配套、市政配套等5个续建项目，不断完善功能配套，建设包含高品质种业科创空间、独具公园特质的农业产业功能区。形成种业总部经济为引擎，以粮油（杂交水稻）种业为基础，形成多门类种业同步发展的"大种业"产业格局，培育种业企业创新发展，打造具有国际影响力的种业产业园。

5. 崇州都市农业产业功能区

实施主导产业补链强链固链行动，锚定6类500强企业、头部企业、首店企业抓招引，着力构建高能级的都市农业产业生态圈。坚持"联片综合开发、集约节约发展"理念，建设核心起步区4.8平方千米，根据资源本底和产业基础，规划形成桤木河生态景观带、天府国际慢城景区、白头特色镇街区、智萃共享林盘聚落区，优质粮油高效示范基地"一带三区一基地"空间布局。以特色镇为中心，以林盘聚落为节点，以绿道串联，培育生活场景、商业场景、消费场景，率先把核心起步区打造成为振兴川米先导区、都市农业示范区、改革创新先行区和郊野型公园城市示范区。紧紧围绕创新赋能产业链关键环节，建设16 000平方米高智高密高能的农商文旅体科创空间极核，同步抓好四川农业大学"五良"融合科创中心、中化农村社会化服务总部科创中心、粮油食品加工科创中心、四川省水产研究院稻田综合种养科创中心、创新创业人才孵化科创中心、幸福里新型环保建材科创中心建设，打造"1+6+N"集高品质孵化载体、应用场景、生活场景、服务体系等为一体的科创空间体系。规划建设集种业研发、中试熟化、育繁推广等功能于一体的隆兴种业小镇，推动新品种率先中试、率先育繁、率先推广。重点招引上海上实集团、北京壹方城公司等，整合Discovery湿地儿童探索公园、Cook's Club精品酒店群、汗马研习社等产业资源，组建产业融合发展联盟，深化农商文旅体融合发展服务平台，面向全川提供"策划、投资、规划、建设、运营"五大服务，着力打造都市农业示范区。抓好中化现代农业四川总部建设，整合先正达、安道麦、中粮储等产业资源，为粮食生产提供品种规划、测土配肥、定制植保、质量检测、农机服务、烘干仓储等"7+3"全程解决方案，着力打造服务全川的农业社会化服务体系高地。抓好与四川省商业投资集团合作，为企业搭建技术、金融、人才等服务平台，推进桤泉食品加工园区创新提能发展，着力打造省级农产品加工园区。

6. 金堂食用菌产业园

以食用菌为主导产业，以农产品精深加工为支撑产业，以农商文体旅融合发展为衍生产业，着力打造服务川渝、走向全国的"中国菌业中心""国家级农产品精深加工基地"和大美乡村公园城市。精准定位主导产业，科学制定产业细分，将功能区主导产业定位为食用菌产业和农商文旅体融合发展业，重点发展食用菌、特色果蔬、中药材种植业，食品加工、食用菌品种研究培育开发和食用菌精深加工产业，农产品精深加工、食用菌贸易服务业，种养采摘休闲观光农业，以及依托回乡创业园支持外出务工人员回乡创业等行业细分。保持领先发展，优化提升产业能级，上游聚焦研发高端，中游锚定生产高效，下游瞄准营销高值。积极拓展多种业态，推进产业互动融合，按照"食用菌+"的理念，制定包含研发、生产、加工、营销、品牌、文旅、美食等全产业链业态等食用菌产业链全景图和产业生态路径图，构建"主导产业+配套产业+支撑产业+衍生产业"的融合发展产业格局。按照"山顶油橄榄，山腰花卉、中药材，山脚羊肚菌"发展思路，建设万亩油橄榄产业城市公园；以水为媒，营造亲水闲逸高品质生活空间，建设成都丘区大美乡村公园城市新样板。

7. 蒲江现代农业产业园

围绕"有机绿谷，世界果园"的总体定位，坚持"生态优先、绿色发展"理念，聚合农业研发、质量检测、标准制定、指数发布、数字交易、冷链物流、农旅融合等功能，总体构建"两中心一聚落"的空间结构，打造中国西南果都。按照"补链、强链、优链"思路，推动项目招引清单化管理，瞄准阿里巴巴集团、宝能物流等国际化、品牌化行业领军企业，招大引强，抓龙头、引配套，加快重大产业化项目招引落地。以品牌建设为核心战略，以科技创新为关键驱动，以数字农业为重要导向，有机整合科技研发、金融服务、人才供给、生活配套、政策支撑等要素，打造高品质农业科创空间。完善园区基础设施，提升显示度和知名度，结合川西林盘、狮子湖畔资源禀赋，打造一批点状分布、串联成线的农商文旅生态景观+消费的新项目，持续推动农商文旅体融合发展，实现农业景观化、景观产业化，全力打造"引人、聚财、筑景"新面貌。

第二节　成都市都市现代农业产业生态圈"四链"构建

围绕都市现代农业产业链体系，系统构建配套链、供应链、价值链、创新链（图3-2），在更高水平促进产业链各环节紧密衔接，在更大范围实现生产、生活、生态功能有机融合，即通过强化生产、生活、生态服务配套，优化配套链；以创新供应链模式、构建供应链体系为核心，完善供应链；以延链、补链、扩链为抓手，拓展价值链；以技术创新、融合创新、制度创新为支撑，构建创新链，形成产业链结构完善、功能复合多样的都市现代农业生态链生态圈，助推都市现代农业高质量发展，如图3-2所示。

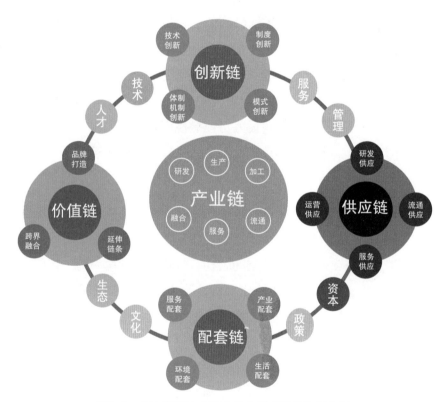

图3-2　都市现代农业产业生态圈"四链"示意图

一、配套链

（一）都市现代农业配套链分析

产业配套指区域经济发展方面的相关产业条件，即围绕该区域内主导产业和龙头企业，与企业生产、经营、销售过程具有内在经济联系的上游和下游的相关产业、产品、人力资源、技术资源、消费市场主体等因素的支持情况。从国际和国内配套链发展情况来看，大部分的配套链并没有跳脱产业范畴，主要集中于产业链的生产服务配套方面。

成都始终将产业功能区、产业生态圈作为高质量发展和高品质生活的有效载体进行打造，要求既要聚焦产业需求、强化生产要素聚集，更要聚集人本需求强化生活场景建设和叠加，因此，就都市现代农业产业生态圈而言，配套链已超出产业范畴，除了生产服务配套，还包括生活服务配套、生态服务配套，即通过完善配套链，在区域内统筹生产、生活、生态功能，打造生产空间集约高效、生活空间宜居适度、生态空间山清水秀的产城融合典范。

（二）成都市都市现代农业配套链现状

成都市农业产业功能区建设，始终遵循"人城产"发展逻辑，生产服务配套、生活服务配套不断完善，生态营造理念不断深入。

1. 生产服务配套方面

农业产业功能区不断加强对农业生产专用设施设备建设投入，积极探索经营性和公益性相结合的社会化服务模式，通过农村电商、金融服务站等平台载体，支撑主导产业发展。目前，农业产业功能区核心区已基本实现自来水、电网、宽带网络的通达；已建成工程技术中心4个，烘储中心84个，农业服务超市299个，冷链气调库28.20万吨。其中，温江都市现代农业高新技术产业园废物处理设施配套完善，农业废弃物资源化利用率高，农作物秸秆资源利用率达100%。崇州都市农业产业功能区搭建农村社会化服务平台，建设服务全川的农村社会化服务总部、农产品冷链物流中心、天府好米联盟、中化MAP（现代农业技术服务平台）农业技术服务中心，构建全产业链、全生命周期的现代农业社会化服务体系。金堂食用菌产业园建成110千伏变电站、双回路电源、日处理量2 000平方米的污水处理厂、电网升级改造工程等公共服务配套项目；建成覆盖近万亩区域的水肥一体化等灌溉设施，新增食用菌标准化种植基地5 000亩。

2. 生活服务配套方面

农业产业功能区逐步完善教育、医疗、卫生、文化等公共服务设施配套以及餐饮、住宿等生活服务设施配套。截至目前，建成人才公寓19.33万平方米，配套住房101.88万平方米。中国天府农业博览园已完成科研中心、天府农博创新中心等专业楼宇项目共5.6万平方米；崇州都市农业产业功能区已建成人才公寓235套。金堂食用菌产业园正加快建设竹篙中学、综合医院、客运中心等11个重大公共配套项目，新建成道路28.5千米、高速路口2个。

3. 生态营造方面

坚持"生态优先，绿色发展"，以公园城市建设的乡村表达为建设理念，开展全域景观化建设行动，推动乡村绿道建设、川西林盘保护修复，营造良好的生态环境。目前，全市农业产业功能区及园区绿化覆盖率均值在60%以上。其中，温江都市现代农业高新技术产业园绿化覆盖率达到90%以上，人均公园绿地面积10.88平方米。都江堰市精华灌区康养产业功能区打造拾光山丘、川西音乐林盘等成都市3A级林盘景区8个，修复具有重要历史价值的左右支渠30余千米，建成投用绿道200余千米，初步形成"天府原乡""七里诗乡""灌区映像"三大乡村旅游环线和蓝绿交织的生态网络。金堂食用菌产业园实施总投资25亿元的油橄榄产业城市公园、湿地公园、资水河防洪及治理等生态环境项目。

经过3年的建设发展，农业产业功能区主导产业的配套链逐步构建形成，生产、生活、生态三种形态不断融合，但长远来看，目前配套链还不能有效满足产业发展和城市发展需求，还没有完全解决"重生产发展、轻生活服务"等问题，尤其在生活服务配套方面，教育、医疗、文化等公共服务供给依旧存在短板。

（三）优化举措

1. 不断优化生产服务配套

科学规划生产性服务配套。结合都市现代农业产业生态圈建设，对农业生产设施进行空间配置，编制生产配套设施清单和建设导则，科学规划建设标准厂房、产城融合应用场景等生产配套设施，避免农业产业设施布局松散。

加快推进生产性服务配套建设。科学配置危废物处理设施，推进循环农业设施建设。全面启动标准厂房、创新载体、物流仓储等专业化生产服务设施，严格按照时间节点把控生产配套设施建设进度。探索构建跨区域生产社会化服务体系，统筹都市现代农业产业生态圈内农机、植保等资源。

保障生产服务配套用地需求。通过梳理城、镇、村建设用地，推进农村土地综合整治、集体建设用地入股（联营）和宅基地"三权分置"改革，合理盘活国有用地存量和乡村建设用地，为生产服务配套建设提供土地要素保障。健全农业设施用地管控机制，围绕生产性服务业，精准匹配设施农业用地。

2. 不断完善生活服务配套

前瞻布局生活性服务配套。坚持"以人为本"理念，开展农业产业功能区、产业人群、居住人群的个性化需求分析。同时，科学测算农业产业功能区未来人口规模、个性化生活服务和公共服务需求门类、规模，以需求为导向，合理布局教育、医疗、文体、休闲娱乐、康养等生活设施，提升农业产业功能区公共服务供给水平。

打造提升特色载体。以"一个产业功能区就是若干新型城市社区"的理念，结合农业产业功能区实际，打造集生产、居住、消费、人文、生态等多种功能为一体的新型社区。打破原有行政区划、城镇体系，推进主导产业突出、辐射带动能力强的特色镇（街区）建设。同时，坚持以大地景观为底色，以川西林盘保护修复、绿道建设为重点，以农商文旅体融合发展重大项目为节点，以交通网络为串联，将产业功能与城市功能有机结合，统筹整合公共服务资源，构建特色镇15分钟生活圈、新型社区10分钟生活圈、林盘聚落5分钟生活圈的乡村基本生活圈，强化生活场景和消费场景叠加，提高农业产业功能区舒适度和宜居性，实现产业、人居两相宜。

二、供应链

（一）都市现代农业供应链分析

狭义的农业供应链主要指农产品供应链，即围绕一个核心企业对农产品从生产到消费过程中各个环节所涉及的物流、资金流、信息流进行整合，将生产商、分销商、批发商、零售商等各方链接成一个具有整体功能的网络，也是农产品在供应链上增加价值的增值链，其目的在于使整个供应链产生的价值最大化。

国外农业供应链发展起步较早，形成了以大企业大农场为核心的美国供应链模式、以农协为供应链管理核心成员的日本模式、以大型商超为主的欧洲供应链模式。总体来说，在各国农业供应链中，政府发挥着举足轻重的作用，一般都比较注重核心企业的引进培育及供应链体系的构建。

我国农业供应链起步较晚，不管是供应链所要求的硬件设施还是管理理念都有所滞后，但近年来在农产品冷链物流、农业供应链金融等板块发展较快，并逐步呈现出由传统形态向数字化形态演变的发展态势。

具体到都市现代农业发展、农业产业功能区建设，供应链应该是更加广泛的、外向的。在环节上，聚焦农业产业功能区主导产业细分领域，涉及研发、生产、流通、运营、服务等全产业链的高效供给；在区域上，立足国际视野，参与全球供应链体系建设，旨在把先进技术、先进企业引进来，使特色产品、本土企业走出去。

（二）成都市都市现代农业供应链现状

1. 政策环境优良

成都市高度重视现代供应链建设，从政策层面为全方位构建供应链提供了根本性保障。2017年8月，成都市被商务部、财政部确定为全国首批供应链体系建设试点城市。2018年10月，成都市被商务部、工信部、农业农村部等8部门确定为全国首批供应链创新与应用试点城市。2018年4月，成都发布了《成都市关于推进现代供应链创新应用的实施方案》，在农业领域，提出重点构建农业供应链生产体系、农业供应链交易体系、农业供应链追溯体系。2019年12月，成都出台了《精准支持现代供应链体系发展政策措施》，在全国范围内率先出台供应链专项支持政策，旨在进一步优化成都供应链营商环境，培育本土供应链企业发展壮大，全面助推成都现代化、全球化、智能化供应链体系打造。

2. 载体资源丰富

近年来，成都市供应链市场主体增长迅速，全市供应链市场主体从2017年初的567家增至2020年初的2 033家，实现年均增长86%。同时，为积极引导供应链上下游配套企业在成都聚集，培育形成新的产业集群和新的经济增长极，由积微物联牵头，联合7家公司共同发起成立了成都市供应链协会，共同促进成都产业能级提升和降本增效协同发展。

3. 农业产业功能区供应链逐步完善

在研发供应环节，崇州都市农业产业功能区与中国农业科学院等"五院三校"深度合作，建成长江中上游中试熟化、四川农业大学"两化"科技服务总部、成都市农林科学院科技成果转化、成都农业科技职业学院双创"四基地"。金堂食用菌产业园与四川省农业科学院、中国农业科学院、广东省科学院微生物研究所等8家科研院所开展深度合作，搭建产学研一体化协作联盟、专家智库，建成新品种研发科技成果转化示范基地、万亩羊肚菌基地4个。在流通与服务供应环节，蒲江现代农业产业园组建了主导产业行业协会及有机协会、冷链商会等社会组织24家，培育生产性服务业主体23家和电商主体4 479家，建成集双创、科研、服务等功能于一体的农业综合服务中心；崇州都市农业产业功能区建成中化现代农业四川总部，集聚先正达、安道麦、五粮液等行业领军企业，建设"买全球、卖全球"合作开放的MAP"7+3"现代农业服务平台，服务全省7个市（州）18个县17万亩优质粮油基地。金堂食用菌产业园成立了金堂县食用菌产业联合会，新培育专业合作社、家庭农场36家，搭建田岭涧等电商平台10个，建成农产品精深加工基地1 000亩。

整体来看，成都都市现代农业供应链呈现蓬勃发展态势，但重大疫情期间，暴露了供应链尚存短板，供应链的稳定性和韧性备受重视。从具体环节来看，在物流环节，由于农业特殊性，农产品尤其是生鲜农产品运输损耗率高达30%，而冷链物流成本高、"最后一公里"配送等都是不可回避的问题；在市场交易环节，由于农业供应链的供应商规模大并过于分散、交易信息不对称等导致交易成本过高，且涉农电商盈利模式尚未成熟；在信息整合方面，农产品供应链上节点的信息分散尚未被充分整合，大数据、云计算、物联网和移动终端等新型技术还没有被广泛运用；在供应链融资方面，农业供应链仍然面临金融资源短缺的局面；在人才供应方面，农业供应链复合型人才相对短缺。以上这些问题都是制约农业产业功能区供应链发展的主要因素，因此，要从多环节入手，共同推进农业供应链体系构建。

（三）优化举措

1. 以强基保供为核心，完善农产品供应链体系

建基地。以农业园区建设为抓手，强化"菜篮子""米袋子"保障基地建设，推动粮油、蔬菜、生猪产业集群式发展。在粮食生产方面，重在拓面提产。以粮食生产功能区为基础，以高标准农田建设为载体，建立完善粮食储备体系，落实粮食支持扶持政策，稳定发展粮食生产。在蔬菜供应方面，重在提质增效。针对成都"菜篮子"产品稳定供应保障的战略需求和居民消费结构升级的市场需求，打造菜粮产业功能区，优化提升粮菜轮作蔬菜基地。在生猪产业方面，重在区域协作。重点支持在成都从事生猪屠宰加工、种猪繁育企业在省内市域外建设生猪规模养殖基地，在更大范围实现生猪产业大分工、大协作。

畅流通。以鲜活农产品主产区、特色农产品优势区为重点，率先在"东进区域"布局建设一批农产品产地冷链仓储设施、农产品骨干冷链物流基地、农产品（食用菌）智慧交易物流中心、成德眉资区域性农产品产地重大仓储冷链物流基地，进一步降低农产品损耗和物流成本，更好地满足城乡居民对高质量农产品的消费需求。着眼"最后一公里"，鼓励社会资源积极参与冷链运输、前置仓、转运站、打冷站、中央厨房等冷链点位布局建设，鼓励开展对物流配送装备、技术的原始创新和研发，健全覆盖农产品集货、加工、运输、销售各环节的冷链物流体系。

促合作。落实《成德眉资同城化粮食生猪蔬菜区域生产保供合作协议》，联动德阳、眉山和资阳建立同城化发展保供合作机制，以"基地共建共享、保供合理补偿"等多种方式，开展粮食、生猪、蔬菜生产基地同城化共建、联建，构建跨区域生产保障体系。同时，持续推进百万头生猪养殖、异地粮源基地、益民菜市点位拓展、成都菜篮子保供中心等农副产品供应链体系建设，不断完善同城化保供系统。

2. 研判发展趋势，创新农业供应链发展模式

打通农业供应链上下游环节。在上游，发展基于产地合作和供应链整合的自营模式，满足消费者对农产品的高品质需求。引入众筹预售、网络众包等方式，使消费者参与到农业生产中来，提高供应链的整体效率。鼓励功能区与社区开展合作，开展联合经营，减少流通环节，加强产销对接。在下游，开展新零售、社区零售等新型业态，鼓励数字营销、直播电商等应用场景下沉到农业领域。积极推进农业电商发展，通过电商平台有效推进批发市场、物流配送和销售终端互联互通，实现从批发到零售的有机衔接和高效运转。激励线下主体塑造线上化、数字化服务能力，鼓励线下超市或农贸市场发展线上平台，加速线上线下资源的融通。

探索农业供应链金融服务模式。支持农业产业功能区核心企业布局并开展供应链金融服务业务，为农业供应链提供金融支持，解决中小企业融资难和供应链失衡的问题。将银行信用融入上下游企业的购销行为，增强其商业信用，促进中小企业与核心企业建立长期战略协同关系，提升农业供应链的整体竞争能力。

3. 立足国际眼光，与全球农业供应链深度融合

核心技术、头部企业引进来。加强农业技术引进与合作，在废弃物的资源化利用技术、农机具制造等重要领域加快引进和合作步伐。支持有条件的农业产业功能区聚焦主导产业全产业链构建，在全球范围内引进先进供应链技术、供应链企业，打造完整的供应链体系。

特色产品、本土企业走出去。抓住自贸区建设机遇，主动融入国家"一带一路"倡议，充分利用"蓉欧+"战略机遇，探索国际农产品特色班列和航班的开行方式，拓宽特色农产品的销售渠道，鼓励农业产业功能区企业设立境外分销和服务网络、海外仓、农产品展示中心等，积极参与到全球供应链体系建设中，不断拓展国际市场。

三、价值链

（一）都市现代农业价值链分析

农业产业价值链（图3-3）是指由农业产业链一系列相互关联的上下游主体构成的增值链。就农业产业链纵向延伸而言，价值链前向延伸的深加工、营销、品牌管理等产业链前端链环附加值和盈利率较高；价值链后向延伸的农资生产、农机制造、良种培育等产业链后端链环的附加值和盈利率相对较高。就农业产业链横向延伸而言，价值链横向拓宽的生态农业、旅游农业、休闲农业等链环的附加值和盈利率高，而处于中间的耕地、播种、施肥、收获等直接生产环节则附加值和盈利率相对较低，如图3-3所示。

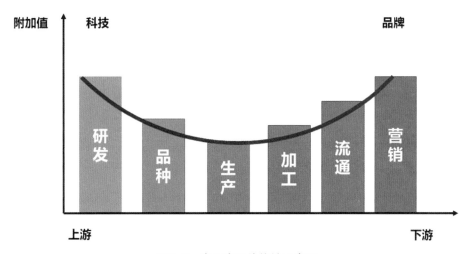

图3-3　农业产业价值链示意图

目前，我国正处在努力迈向全球价值链中高端的进程中，但由于农业产业整体水平不高，农业产业价值链在全球价值分工中地位处于中低端，与其他发达国家相比仍存在一定的差距，要通过进一步纵向延伸、横向拓宽农业产业价值链，增强农业产业价值链上的各个链环，这样才能有效提升我国农业产业的价值水平。

（二）成都市都市现代农业价值链现状

从产业链纵向延伸来看，围绕主导产业的产业链逐渐完善。农业产业功能区围绕主导产业，加大引进行业龙头企业力度，产业集群加快发展。但整体来看，产业链还存在短、薄、窄的现象，如农产品加工环节与种养环节结合深度不够，产地初加工能力不足，农产品深加工比例不高，具有高附加值的产品不多。据统计，农业产业功能区加工率低于东部沿海省份先进园区70%的水平。在品牌建设方面，自主品牌多而杂，区域公用品牌尚未发挥共享经济效益，缺乏具有国际国内竞争力的大品牌。

从产业链横向延伸来看，农商文旅体融合成为重要的发展路径。农业产业功能区充分利用产业发展特色与优势，借助"农业+"，推动农业与旅游、休闲、康养、互联网、会展等领域的深度融合，明月村、竹艺村、"凡朴生活""猪圈咖啡"等农商文旅体融合发展示范点不断涌现。但整体来看，融合深度和广度还有待拓展，主要表现为农商文旅体融合项目个性彰显不够，有同质化倾向，尤其是对特色文化的挖掘力度还不够，多场景营造还不足。

（三）优化举措

1. 延伸产业链增加价值链长度

研发和品牌是价值链"微笑曲线"的两端，要通过强化研发与品牌建设，引导产业链向"微笑曲线"两端延伸。一是以研发创新促进价值提升。充分利用国际国内两种资源，建立以农业产业功能区核心企业为主体的技术创新体系，充分发挥高校和科研院所的作用，整合海外资源，建立技术创新实验室或研发基地，增强技术研发实力。二是以品牌建设促进价值提升。品牌传导理念、体现价值、主导市场、决定未来，是产业核心竞争力之所在。深挖农业品牌的历史价值和文化价值，加快培育一批具有突出优势、类型多样、核心竞争力强的农业品牌。支持农业产业功能区产业品牌和产品品牌有机串联、统筹整合，创建"功能区大品牌"，提升功能区整体品牌形象。

2. 补齐产业链短板增加价值链厚度

通过补齐产业链短板，夯实产业发展基础，进一步提升价值链厚度。一是补齐农产品加工环节短板，大幅提升农产品附加值，突出内涵、做强品质，满足不同人群对营养健康功能性食物的新型消费需求。具体而言，在投融资政策上，对农产品深加工及其配套产业链项目给予股权投资、担保、贴息支持；在用地用电政策上，农产品精深加工用地列入土地利用规划计划，支持农产品精深加工的公共设施建设。二是补齐农产品流通短板，充分发挥市场主体作用，合理布局农产品综合物流中心、配送中心和配送网点，强化产地仓储、冷冻库设施建设，引导第三方物流企业和农产品流通企业向专业化、规模化方向发展，形成完善的农产品市场流通网络体系。

3.农商文旅体融合发展增加价值链宽度

依托成都丰富的旅游资源、成熟的消费经济和独特的天府文化，发挥农业产业功能区粮油、水果、蔬菜等特色产业优势，加快推进实施"农业+旅游""农业+文创""农业+康养""农业+会展"等系列行动，重点支持农业休闲观光、度假康养、文化创意、科普教育产业、农业会展博览等新产业，构建农商文旅体融合发展体系。

四、创新链

（一）都市现代农业创新链分析

创新链是指围绕某一个创新的核心主体，以满足市场需求为导向，通过知识创新活动将相关的创新参与主体连接起来，以实现知识的经济化过程与创新系统优化目标的功能链接结构模式。实现创新链与产业链的双向融合，是加快推动城市经济持续健康发展的强大引擎和新动力，也是加快实现城市高质量稳定发展的基础。

狭义的创新链一般指技术创新，而针对农业而言，创新链被赋予了新的理解，除了技术创新，还包括制度创新、融合创新、模式创新等内容。

（二）成都市都市现代农业创新链现状

在技术创新方面，从主导产业龙头企业技术水平来看，近3年成都市R&D经费投入7.5亿元，专利数达到5 984项。特别是成都都市现代农业高新技术产业园，近3年R&D经费投入约为4.67亿元，专利数为3 485件，农业高新技术研发在成都市甚至西南地区都有着举足轻重的地位。从院校企地合作来看，蒲江现代农业产业园与中国科学院、四川农业大学等7家省级以上科研院所设立合作平台，建成晚熟柑橘、猕猴桃两大工程技术中心和农产品精深加工研究中心。都江堰市精华灌区康养产业功能区与四川省农业科学院、四川农业大学等高校和科研院所合作，开展猕猴桃"生态化"栽培技术体系、集约化育苗、绿色蔬菜生产等关键技术研究。温江都市现代农业高新技术产业园以"农业+创新"融合发展为路径，充分整合四川农业大学、成都市农林科学院等高校院所科研资源，校地共建国家级重点实验室2个，聚集部省级农业重点实验室21个，入驻农业科技企业30余家。金堂食用菌产业园规划建设天府菌乡科创谷高品质科创空间，与中国检科院装备技术研究所签约共建"西南农产品质量提升技术创新中心"。但整体来看，农业产业功能区还缺乏成果转化，转化能力还有待加强。

在融合创新方面，通过不断探索、实践和创新，形成了一批新模式、新业态。如以"农业+文创"为主要模式的蒲江明月村、崇州道明竹艺村，以"农业+会展"为主要模式的中国天府农业博览园，以"乡村振兴"为主题的"绿色战旗·幸福安唐"乡村振兴博览园，以"绿道经济"为核心的新业态等，都是农业与生态、文化等融合发展的体现，为都市现代农业发展注入了新的动力源泉。但目前融合发展还处在初级阶段，主要表现为农业与其他元素的简单叠加，从长远来看，还需要从创新上下功夫做文章，为都市现代农业可持续发展提供永续动力。

在体制机制创新方面，主要体现在管理运营体制机制创新上，农业产业功能区均已组建管委会，成立投资公司，初步构建起"管委会+专业公司"的管理运营机制。同时，在崇州、新津同步开展街道管理体制改革试点，探索构建"两级政府、三级管理"（两级政府：市、县；三级管理：市、县、管委会）模式。金堂食用菌产业园率先探索实施"区镇合一"体制机制改革，实现工作协同一体化。从具体实施效果来看，部分管委会统筹协调能力还不足，与区（市）县、乡镇（街道）、村（社区）的关系尚未理清，存在部分职能交叉，各级各部门协同推进工作机制有待优化和完善。

（三）优化举措

1. 以"产学研用"为基础完善技术创新链

构建产学研用深度融合创新体系，全面推动在蓉高校、科研院所与农业产业功能区企业共建共用科研基地。加强与国家成都农业科技中心合作，联合开展技术攻关，提升农业产业功能区科技实力。围绕农业产业功能区主导产业，面向全球引进科技创新资源，为农业产业功能区建设提供技术储备和技术支撑。加强农业科研成果转化，促进全产业链关键技术集成创新和示范应用，创新推广应用新品种、新技术，提高科技成果转化率。

2. 以模式创新为重点优化融合创新链

一是研判世界都市现代农业发展趋势，结合农业产业功能区发展基础及特色，科学判定融合发展方向，从根源上避免重复建设和同质化竞争。二是紧跟城市发展步伐和消费升级需求，以服务城市为主要目的，不断更新理念，创新发展思路，打造多元化的"农业+"创意场景。三是引入策划、设计、管理、运营等方面的专业团队，深入挖掘农业多功能性，打造新型融合业态。

3.以体制机制创新为核心构建制度创新链

探索"区镇融合"模式，打造"两级政府、三级管理"体制改革新样板。优化市、县两级政府和产业功能区管理机构职责任务清单，全面推行产业功能区职责任务清单外工作准入机制，开展产业功能区管理机构运行情况专项评估，精准实施动态激励。细化完善现代农业产业功能区评价考核方式，重点突出对产业功能区核心起步区、高品质科创空间建设推进情况的考核，并配套完善考核激励政策。坚持"政府主导、市场主体、商业化逻辑"，进一步深化"管委会+专业公司"改革，支持有条件的地方可设立投资公司进行市场化、专业化运作。

第三节　成都市都市现代农业产业生态圈要素供需与能级提升

都市现代农业产业生态圈发展能级是活力、竞争力和影响力的集中体现，土地、资金、人才和技术等要素是提升产业发展和城市能级的动力源和加速器，要素集聚程度对都市现代农业产业生态圈构建起着重要的支撑作用。因此，要通过梳理农业产业功能区要素供需情况，找出影响要素供需的主要制约因素，遵循"流动、集聚、提升"的思路，科学分析、精准供给，推进要素顺畅流动、高效聚集和优化配置，不断提升效率、释放更强动能。

一、土地要素供需及能级提升

（一）土地要素供需情况

1.土地资源总体情况

全市农业产业功能区共有农用地约135万亩，其中永久基本农田97万亩左右，占农用地70%左右；集体建设用地约29.9万亩，其中宅基地约18万亩；国有建设用地约9万亩，可用国有建设用地1万亩左右。总体上农业产业功能区农用地占比高，可盘活宅基地、可利用集体建设用地、国有建设用地存量不多。

2.土地利用情况

在建设用地获得方式方面，农业产业功能区项目主要通过集体建设用地土地整理及国有建设土地出让的方式获得建设用地。在建设使用方式方面，大部分农业产业功能区通过利用集体建设用地使用权出让、集体建设用地使用权作价入股、租用闲置宅基地、国有建设用地出让等方式使用建设用地。

3. 土地支持政策

针对产业功能区土地要素供给，成都市出台了《关于创新要素供给培育产业生态提升国家中心城市产业能级土地政策措施的实施细则》（以下简称《细则》），明确提出"积极支持农村'三产'融合发展，点状布局农业设施用地8.8万亩，加快发展现代农业""每年单列不低于8%的土地利用年度计划支持新产业新业态发展；安排农民集中建房计划指标2 600亩，用于特色小镇和幸福美丽新村建设"等政策，为产业功能区建设提供土地政策扶持。

（二）土地要素能级提升举措

1. 优化规划编制，统筹开发利用

运用国土"三调"成果，围绕农业产业功能区主导产业，科学确定产业项目及配套民生项目，从顶层设计上明确农业产业功能区用地规模和布局。国土"三调"数据正式启用后，结合国土空间利用规划，完善农业产业功能区建设土地利用规划，全面统筹农业产业功能区土地开发利用，将农业产业功能区内项目用地计划指标纳入土地利用总体规划和年度计划，保障建设用地指标落实到位。

2. 优化审批机制，完善制度体系

完善农商文旅体融合发展项目审批规范。由规划和自然资源、农业农村部门会同农业产业功能区管委会，研究制定农商文旅体融合发展项目用地管理办法，明确农商文旅体融合发展项目用地渠道，设置农业产业功能区项目审批"代办+帮办"服务窗口，优化用地审批流程、压缩供地时间、明确审批时限。

明确涉农加工项目用地准入标准。针对农业产业功能区涉农加工项目特点，采取灵活多样的供地方式，促进产业功能区农产品精深加工项目落地建设。

3. 创新供给方式，提高使用效率

创新"点状用地"供给方式。深入研究"分类供地""组合供地"有效途径，率先在农业产业功能区探索实行"点状用地"及"混合用地"供地方式，建多少，转多少，征多少，精准支持农商文旅体融合发展项目，结合用地实际需求和项目开发建设实际，依法依规灵活确定地块面积、用途搭配供应。充分预留一定比例建设用地预留机动指标，用于保障公共公益设施、零星分散文旅设施等点状用地项目。

探索新型产业用地（M0）试点。M0是为适应传统工业向新技术、协同生产空间、组合生产空间及总部经济等转型升级需要而提出的城市用地分类，能有效促进新型产业集聚发展，促进产城融合。建议率先在有条件的农业产业功能区探索新型产业用地（M0）试点，为全市都市现代农业发展探索路径、提供经验，更好地满足新型产业发展需求。

探索跨区域土地盘活机制。支持各区（市、县）通过农村土地综合整理等政策，将增减挂钩项目节余用地指标优先用于农业产业功能区项目招引所需建设用地，积极支持原有集体建设用地指标在产业功能区跨乡镇转移使用。

鼓励农民以农村产权入股盘活用地。坚持"政府主导、市场主体、商业化逻辑"，鼓励支持政府投资平台、集体经济组织和专业化企业开展合作，鼓励农户以土地承包经营权、宅基地使用权、房屋所有权租赁、入股等方式参与农商文旅体融合项目。

探索闲置土地盘活机制。深入开展农村宅基地"三权分置"改革试点，对租赁闲置宅基地及农房，发展民宿、文创等新产业新业态的投资业主，颁发期限不超过20年的宅基地使用权不动产权登记证书。

4.优化扶持政策，保障重点用地

加大政策兑现力度。重点落实"每年单列8%的用地指标，支持新产业新业态发展""辅助配套设施建设用地可在原基础上再增加3%"等土地保障政策，优先用于产业功能区建设，重点支持新产业新业态发展。

加大财政支持力度。研究制定农业产业功能区土地指标购买扶持政策，对农业产业功能区购买外地指标用于重大项目建设的给予一定的财政支持。

分类施策优先扶持"西控"区域。探索支持"西控"区域区（市、县）上调集体建设用地流转基础设施配套费收取标准，用于农业产业功能区建设和生态保护。

二、资金要素供需及能级提升

（一）资金供需情况

投融资服务机制方面，农业产业功能区结合自身实际情况，通过建立功能区投资公司、联合银行等金融企业，完善社会投融资服务机制。中国天府农业博览园创新"集体土地片区开发中期贷款"模式，获得中国银行首笔授信贷款8 000万元，做法在全省中国银行系统宣讲推广；与新希望草根知本、成都交子产业基金携手合作，共同发起设立15亿元新消费产业投资基金，以产融结合助力打造"好赛道、好产品、好团队"。崇州都市农业产业功能区建立功能区牵头主办银行制度、企业主办银行制度，实现农村产权交易服务站、农村金融服务站、农村电商服务站"三站合一"村级全覆盖。

重大项目投资促建方面，农业产业功能区均制定了主导产业招商目录，出台相关扶持政策，吸引龙头企业集聚。2018年以来，功能区新引进项目43个、总投资494.6亿元，引进世界500强企业、中国500强企业12家。例如，崇州都市农业产业功能区围绕主导产业，引进世界500强中化集团共建MAP农业技术服务中心；温江都市现代农业高新技术产业园，引进国寿投资控股有限公司，规划打造全国领先的高端全龄化养老养生社区；中国天府农业博览园引进世界500强阿里巴巴（中国）软件有限公司、中国500强企业中化集团现代农业四川有限公司等，共同推进农博园建设发展。金堂食用菌产业园与国家级农业龙头企业江苏裕灌现代农业科技有限公司签订投资协议，打造日产120吨食用菌工厂化生产示范基地。

投融资服务平台方面，功能区依托投资公司，搭建平台，承担功能区投融资业务，同时用好"农贷通"平台为企业提供投融资渠道。崇州都市农业产业功能区组建农投集团，负责功能区融资、收储、建设、运营等，搭建"农贷通"融资综合服务平台，累计发放各类农村产权抵押贷款16.6亿元。蒲江现代农业产业园搭建"农贷通"金融支农服务平台，目前已建成乡镇"农贷通"服务中心12个，村级"农贷通"服务站126个，发放金融支农贷款3.78亿元。温江都市现代农业高新技术产业园组建成都科蓉投融资平台公司，重点负责园区基础设施建设、土地储备、融资等。金堂食用菌产业园组建金堂县兴金农业投资运营有限公司作为园区建设发展运营的市场主体。

投融资模式创新方面，农业产业功能区结合自身优势，通过成立基金管理公司、资产管理公司等企业形式，探索形成了金融、产权交易、电商"三站合一"模式、"管委会+农村投资公司+共营制"投融资和经济运行模式、"政银担"金融支农模式等适合各自实际的高效投融资模式。中国天府农业博览园探索功能区金融、产权交易、电商"三站合一"模式。崇州都市农业产业功能区构建形成"管委会+农村投资公司+共营制"投融资和经济运行模式，积极推进地方债、PPP等融资模式创新。蒲江现代农业产业园创新实施"政银担"金融支农模式，目前发放贷款1 844万元。温江都市现代农业高新技术产业园成立基金管理公司、资产管理公司，通过政府产业引导基金撬动社会资本，设立产业投资基金。天府现代种业园成立新农公司，承担融资、投资和建设运营工作。金堂食用菌产业园采取"政府引导基金+商业资本+金融机构"的模式，设立现代农业产业发展基金池。都江堰精华灌区康养产业功能区创新

"管委会+公司+金融"融资模式，由村两委牵头，组织筹建"院落管委会"，由成都农商银行为参与发展的农户提供无抵押受信10万/户的贷款。

（二）资金要素能级提升举措

1.整合资金投入，拓宽建设资金渠道

引导和鼓励各级支农资金优先向功能区集中安排，统筹整合各级各部门涉农资金，探索建立功能区建设专项资金，支持功能区建设。支持国有平台公司与社会资本开展合作，引导社会资本投入功能区建设，充分发挥政府财政资金的撬动作用。

2.创新金融产品和服务方式

鼓励金融机构开展农业企业信贷业务，完善相关金融抵押担保机制，完善农村产权价值评估体系，以风险基金补偿银行贷款损失，鼓励银行接纳农业生产设施抵押与生物资产抵押。构建以"农贷通"为核心的金融支农生态圈。

3.强化工商资本引入

在融资、税收上提供保障措施，通过去杠杆等措施，稳健工商资本向农业领域流动。出台工商资本投资农业的指导目录，明确鼓励或限制的原则，确定资本下乡的边界和优先级，建立负面清单制度，按照市场规律，强化政策引导，理性地鼓励和引导工商资本投资农业。

三、人才要素供需及能级提升

（一）人才供需情况

招才引智机制方面，功能区主导产业紧缺专业技术、管理、综合人才招引机制不断健全，招引形式多样，人才配套机制逐渐完善。中国天府农业博览园建立健全以管委会主任为组长，分管副主任牵头，各部门负责人统筹参与的领导小组。崇州都市农业产业功能区建立了"资源匹配精准化、专题活动多样化、就业扶持常态化、综合服务便捷化"的招才引智工作机制。温江都市现代农业高新技术产业园建立了人才工作领导小组，由区委常委、组织部部长担任组长，副区长担任副组长，定期召开会议安排部署全区人才工作，招才引智机制完善。

招才引智专项政策方面，功能区结合所在区（市）县人才招引政策，对招引人才给予资金奖励，配套住宿、医疗、子女教育等系列政策，让人才能够留得下来。新津县出台《新津县实施人才优先发展战略行动计划》《新津县引进高层次高素质人才实施细则》。崇州市出台《崇州市实施人才优先发展战略开展"品质崇州·英才汇聚"行动计划》《崇州市有突出贡献的拔尖人才选拔和管理办法》《崇州市人才安居工程实施办法》《崇州市人才公寓建设实施方案》《崇州市乡村工匠评选管理办法》等招才引智专项政策。邛崃市出台《邛崃市人才工作领导小组关于印发<邛崃市高层次人才引进试行办法>的通知》，建立了招才引智专项政策。金堂县出台《关于进一步加强人才激励夯实"东进"人才支撑的实施办法》的通知（金委发〔2017〕10号）、《关于博士等几类人才专项待遇调整方案》的通知（金人才〔2014〕1号）等人才招引专项政策。

人力资源匹配效率方面，农业产业功能区开展多形式的人才招引活动，不断完善招才引智的相关政策和配套保障，大力引进农业高端人才；加快培育农业职业经理人、新型职业农民、农业专业技术人才等农业农村适用新型人才，为功能区建设提供一线技术人员。目前，已培育农业职业经理人6 167人，占全市的51.8%；新型职业农民10 953人，占全市的11%；引进本科以上学历人才701名，其中教授45名、博士46名、硕士126名，为产业发展提供了多层次的人才保障。中国天府农业博览园引进中国工程院荣廷昭院士等35名高精尖人才，引进范红等11名高层次人才。崇州都市农业产业功能区引进成都市高端人才目录C类以上4人，D类113人，引进李家洋等3名院士领衔的农业科技领军人才185人。蒲江现代农业产业园近3年累计引进各类专业人才621人。温江都市现代农业高新技术产业园引进各类人才和技能人才岗位97个。天府现代种业园引进了世界领先的丹麦农业与食品委员会专家团队、享受国务院政府津贴专家何东平教授等高层次人才。金堂食用菌产业园引进了食用菌院士工作团队，引进食用菌领军行业人才16人。都江堰精华灌区康养产业功能区依托中国农业科学院都市农业研究所、西南交通大学·米兰理工大学世界遗产国际联合研究中心、中日新林盘工作营等科研院所，引进高层次科创人才带课题、带项目、带技术、带资金到功能区创业。

（二）人才要素能级提升举措

完善人才"育、引、留"体系，开展功能区人才资源"两图一表"（产业链人才资源全景图、人才发展路径图和人才资源培育引进名录表）研究，进一步强化顶层引导。分产业环节梳理人才需求清单，形成产业链人才需求全景图。坚持培育和引进相结合，以国际视野，全面梳理国际国内人才资源，编制人才资源需求名录表。以搭建人才施展平台为发展目标，在引才聚才、培养使用、人才管理、评价激励、人才服务等方面发力，绘制形成人才引育路径图。

发挥好现有人才资源的引导作用。用好现有涉农高等院校及科研院所人才资源，重点激发四川农业大学、成都市农林科学院、成都农业科技职业学院等本地人才资源活力，健全人才激励机制，从而显著提升农业产业功能区产业发展水平，进一步增强农业产业功能区吸引力。

完善现有人才培育提升机制，通过专题培训、实训、定向和定岗式培训，发挥农业高校、科研院所优势，培育功能区产业、管理、服务等各类实用人才。

建立市场化的选聘机制，紧扣主导产业和产业重点，支持功能区每年面向全球引育高素质紧缺人才。完善薪酬制度，构建与工作实绩挂钩的薪酬体系，由产业功能区按照价值导向、优绩优酬原则自主分配。

构建人才生态圈。多渠道多方式多层级引进科技、文创、金融等领域人才，创新引进一批国际行业领军团队和行业紧缺人才。完善落户、住房、教育、卫生医疗等配套体系，以良好生产生活环境、完善的政策体系引进多方人才，构建人才生态圈。

四、科技要素供需及能级提升

（一）农业科技要素供需情况

在校院企地合作方面，农业产业功能区抓住建设国家成都农业科技中心契机，与中国农业科学院开展合作，与市域内四川省农业科学院、四川农业大学、成都市农林科学院等科研机构、央企、本地企业等开展院校企地合作，持续推动产业项目落地建设，产业人才培养等广泛合作，项目合作资金达百亿级。崇州都市农业产业功能区联合中国农业科学院、中国种业集团等院校企业，建成长江中上游优质粮油中试熟化基地等种业平台6个。建立集品种展示、品比鉴定、选种订购等于一体的"田间种子超市"，常年中试品种及组合近1 500个。筛选出川种优3877、野香优莉丝等59个优质品种全省推广，园区部颁一二级米质水稻品种覆盖面达80%以上。天府现代种业园拥有国家级测试平台国家品种测试西南分中心、长江中上游水稻新品种展示示范基地，围绕优质粮油，与四川省农业科学院开展粮油作物新品种、新技术、新产品的鉴选与集成示范；都江堰市精华灌区康养产业功能区已建成都江堰精华灌区乡村产业研发中心，引进同济大学规划设计研究院乡村规划与建设研究中心；蒲江现代农业产业园引进和培育四川卫农、亚峰和天星等10家科研成果转化型企业开展生物防控、优质水果种质控制、水果后熟、精深加工等技术研究，累计转化科技成果13项、储备优新品种25个，制定地方标准18个。金堂食用菌产业园已与中华全国供销合作总社昆明食用菌研究所、云南食用菌协会等合作共建食用菌研究中心，与四川农业大学、西南科技大学等合作建设食用菌培训学院、专家智库，开展院校合作研发项目3个，新培育竹荪、猴头菇等品种30余种。

在技术研发方面，农业产业功能区结合技术创新平台、科技成果转化平台，不断完善科技成果转化利益机制，开展农业科技成果转化，完成新品种、新技术应用等科技成果转化项目近400项。中国天府农业博览园围绕全省"10+3"产业发展，推进科技成果示范展示、供需智能匹配对接、成果转化交易等工作，建有研发机构5家、每年研发资金投入近2 000万元，商标专利申请50余项、技术成果交易10项。崇州都市农业功能区有各类技术创新平台62个，科技成果转化平台（载体）13个。蒲江现代农业产业园建成四川省猕猴桃工程技术研究中心、四川省晚熟柑橘工程技术中心等研发机构。温江都市现代农业高新技术产业园已成立成都都市现代农业技术研究院、农高区创新中心，吸引科技企业41家。金堂食用菌产业园已成立食用菌育种与栽培国家地方联合工程实验室、食用菌研究中心、院士团队专家工作站，建有研发机构4家。

（二）科技要素能级提升举措

在科技创新方面，以农业产业功能区主导产业为核心，以信息化、智能化、机械化为突破口，构建以"创新、推广、应用"为主体的农业科技支撑体系。同时，用好用活现有科技资源，构建产学研深度融合创新体系，全面推动在蓉高校、科研院所与农业产业功能区企业共建共用科研基地，推动农业产业功能区至少和一个以上的农业科研院所建立对接机制。

在资源整合方面，加强与国家成都农业科技中心合作，联合开展技术攻关，提升农业产业功能区科技实力。加强域内域外科研力量协同联动，更加积极主动对接重庆、西部乃至国内外优势科技资源，促进高校、科研院所和龙头企业在更大范围内协作分工。围绕农业产业功能区及园区主导产业，面向全球引进科技创新资源，为农业产业功能区建设提供技术储备和技术支撑。

在科技成果转化方面，加强农业科研成果转化，促进全产业链关键技术集成创新和示范应用，创新推广应用新品种、新技术，提高科技成果转化率。同时，打造一批高质量、能提供专业服务的科技成果转化服务平台，致力于打通科技成果从实验室到市场"最后一公里"，让农业科技成果在广袤的大地上开花结果。

在载体建设方面，支持有基础、有条件的农业产业功能区打造高品质科创空间，以科创空间为主阵地，聚焦主导产业创新需求引进一批高能级研发创新资源，聚焦新兴应用场景植入一批创新型基础设施建设，同时，提供匹配覆盖科创企业孵化周期的一批配套服务，营造多维协同的创新生态。

第四节　成都市都市现代农业产业生态圈协同发展路径

成都市都市现代农业产业生态圈不是单独的、封闭的结构，而是外向型、开放型的系统，包括农业产业功能区之间、农业产业功能区与非农业产业功能区、跨区域3个层面的协同。通过由内而外的协同发展，不断扩大都市现代农业产业生态圈发展外延，构建高能级都市现代农业产业生态圈。

一、成都市都市现代农业产业生态圈内部协同发展路径

（一）路径分析

经过3年的建设发展，成都市都市现代农业产业生态圈已初步成型。立足自然资源禀赋和生态底蕴，结合各区（市、县）优势特色产业，功能区主导产业逐渐明晰，涵盖粮油、水果、蔬菜、种业等优势特色产业和基础产业以及博览会展、科技研发、农业康养等新业态。从产业结构层面来看，功能区产业错位协同发展框架已初步搭建。

全市现代农业产业功能区是相互促进、彼此协同的有机整体，如温江都市现代农业高新技术产业园可为全市其他农业产业功能区孵化人才，提供技术支撑；天府现代种业园与崇州都市农业产业功能区可以互为补充，在粮油产业多个环节展开协作。从产业协作层面来看，目前各功能区之间合作交流、共建共享机制还有待完善。

总体来看，成都市都市现代农业已进入高质量发展阶段，但都市现代农业产业生态圈构建还需要加快推进，要通过建立农业产业功能区及园区共建共享机制，实现高效率融合、高品质供给，构建良性的都市现代农业产业生态圈内部协同发展格局。

（二）发展方向

1. 高品质供给

随着城市快速扩张、居民消费转型加快，消费需求不断呈现新模式、新特点，消费者对绿色、生态的高品质农产品需求愈发旺盛，可参与、可体验的休闲创意农业也

正在革新生活方式。农业产业功能区作为都市现代农业高质量发展的核心载体，要主动适应居民消费结构升级，在实现"米袋子""菜篮子"主要产品保总量、提质量、稳价格的目标基础上，不断完善供需匹配机制，将农业供给端与消费者需求端重新整合，提供多样化、个性化、智能化的产品和服务，提升都市现代农业发展层次，不断满足市民对高质量农产品、高品质业态的消费需求。

2. 高效率融合

产业融合是构建现代产业体系、生产体系、经营体系的迫切要求，它能通过产业渗透、产业交叉和产业重组，激发产业链、价值链的分解、重构和功能升级，引发产业功能、形态、组织方式和商业模式的重大变化，激发产业发展活力。从农业产业功能区协同发展角度，要不断创新融合发展模式，加快培育和发展新产业新业态，不断开发和拓展都市现代农业多功能性，实现更大范围更高效率的融合发展。

（三）发展举措

1. 产业发展层面

在产业发展层面，通过推进产业链协作、融合发展，完善社会化服务体系，提升发展能级。

（1）加大产业链协作力度。立足全市都市现代农业发展，围绕农业功能区及园区主导产业和细分产业，统筹规划布局农业产业链，实施产业链条强链补链行动。优先在主导产业相同或相近的功能区及园区实现产业链协作发展，精准招引头部企业、行业领军企业，加快产业集群，形成集聚效益。例如，粮油产业是天府现代种业园和崇州都市农业产业功能区的主导产业之一，但两个功能区各有优势，可以围绕粮油产业的研发、生产、加工、流通等环节展开深度合作，有效利用双方优势资源，合理配置市场要素，加快形成粮油全产业链，打造粮油产业集群，联动周边粮油优势区高质量发展。

（2）推进跨功能区产业融合发展。站在全市都市现代农业发展高度，全面审视农业产业功能区建设和都市现代农业产业生态圈建立，立足功能区所在地的资源禀赋、产业特色、文化底蕴等，多维度整合资源，探索跨功能区"农业+"产业融合发展模式，推进三次产业深度融合，充分发挥农业多功能性，营造更多元化的复合场景，实现农业全环节升级、全链条升值。如中国天府农业博览园作为对外展示的窗口和平台，可以集中展陈其他农业产业功能区的品种、技术、模式等。同时，可探索在多个农业产业功能区建立分展会，形成各具特色的博览场景。

（3）完善社会化服务体系。以农业产业功能区新型经营主体为载体，培育社会化服务机构，搭建农业社会化服务平台，打破行政区划，扩大服务半径，完善社会化服务体系，从服务要素供给层面补齐产业链条短板，支撑农业产业高效能发展。

2.组织保障层面

在组织保障层面，以健全的工作机制为基础，以覆盖面广的联盟组织为纽带，激发组织活力。

（1）加快推进都市现代农业产业生态圈"分管领导+市级部门+区（市、县）"的工作机制。由分管市领导牵头，系统研究中国天府农业博览园、都江堰精华灌区康养产业功能区、温江都市现代农业高新技术产业园、天府现代种业园、崇州都市农业产业功能区、金堂食用菌产业园、蒲江现代农业产业园的功能协同和产业政策，全局谋划重大项目招引、重点企业培育等重大问题。

（2）以成都市都市现代农业产业生态圈联盟为纽带，有效联结全市农业产业功能区及园区。按照"政府主导、企业主办"的原则，落实战略规划，聚合产业优势，营造发展环境，促进联盟单位创新发展、合作共赢。围绕农业产业功能区产业发展，建立形成功能区协同发展协调会商机制，定期召开产业发展推进会议，研究重大项目推进和规划落实情况，协调各方力量与资源解决规划实施、产业发展、项目推进中的重大问题和难题。

3.政策支撑层面

在政策支撑层面，以引导扶持和改革创新为核心，合理配置资源要素，激活内生动力。

（1）在市级层面出台农业产业功能区专项引导扶持政策。聚焦农业产业功能区主导产业及细分产业，规范农业产业功能区招商目录和限制目录，引导要素合理流动，优化资源配置，从政策层面规避各功能区之间相互抢夺资源的现象。如引导种业相关企业和研发机构向"天府现代种业园"聚集，引导涉及农业高新技术产业的孵化平台、扶持政策、龙头企业等优质资源向"温江都市现代农业高新技术产业园"集中，设立并引导生态修复基金向"都江堰精华灌区康养产业功能区"倾斜，引导食用菌等上下游企业和相关研发机构向"金堂食用菌产业园"聚集，加强绿色食品精深加工园区工业用地保障政策措施。

（2）支持重大农业农村改革在农业产业功能区先行先试。争取将农业产业功能区纳入国家城乡融合试验区改革，在土地制度改革、产权制度改革、户籍制度改革、城乡产业协同平台等方面先行先试。充分发挥好市场在生态补偿方面的作用，不断完善生态价值转换机制，支持"西控"区域上调集体建设用地流转基础设施配套费收取标准，专项用于乡村产业发展和生态保护。积极探索体制机制创新，不断激发生态圈发展活力，形成城乡要素双向流动的新格局。

二、农业产业生态圈与非农产业生态圈协同发展路径

（一）路径分析

农业自然资源是构成生态环境的主体，扮演着经济持续发展、生存环境改善、保持生物多样性等重要角色，为二三产业的正常运行和社会发展提供重要的生态保障。同时，农业农村蕴藏着丰富的农耕文化资源，是中华民族千年传统文化传承、发扬的重要载体。因而，农业的生态价值是城市生态价值的重要组成部分，农业产业功能区不仅具有生产功能，而且还承载环境保护、文化传承等多种功能，是城市生态圈的重要一环。

成都以产业生态圈为引领，推进产业功能区建设，以"人城产"逻辑推动城市发展方式转型和经济发展方式转变，目前已初步形成14个产业生态圈和66个产业功能区，都市现代农业产业生态圈为其中之一。

总体来看，14个产业生态圈不是独立的个体，而是相互依存、互为支撑的有机整体，共同构建形成大城市生态圈，协同支撑城市高能级发展。因此，都市现代农业产业生态圈的建立，要综合考虑其他产业生态圈，以服务城市发展为核心，始终坚持绿色发展理念，打造有机融合、良性循环的产业生态链生态圈，实现人与自然和谐共生、生产与生态协调共赢、产业和城市融合，助推公园城市建设，如图3-4所示。

（二）发展方向

1.绿色生态屏障

习近平总书记指出，"要突出村庄的生态涵养功能，保护好林草、溪流、山丘等生态细胞，打造各具特色的现代版富春山居图"。"要突出公园城市特点，把生态价值考虑进去"。除了生产功能，都市现代农业所承载的生态功能，已然成为城市生态圈不可或缺的重要组成部分。要充分发挥农业生态功能，聚焦生态价值转化，将农业产业功能区打造成为美丽宜居公园城市的乡村表达，将都市现代农业产业生态圈打造成为城市生态圈的绿色生态屏障。

图3-4　成都市城市生态圈示意图

2. 休闲目的地

习近平总书记指出，"乡村不再是单一从事农业的地方，还有重要的生态涵养功能，令人向往的休闲观光功能，独具魅力的文化体验功能"。构建都市现代农业产业生态圈，要着力保护和传承农耕文化，挖掘农耕文化元素，创新休闲农业、创意农业、农事体验、科普教育等业态供给，打造传统农耕文化和现代文明集中承载地，打造城市休闲旅游目的地。

（三）发展举措

1. 聚焦产业发展，探索跨产业协同发展机制

在全市层面，推动都市现代农业产业生态圈与其他产业生态圈在部分领域、部分环节展开合作。首先，探索并建立14个产业生态圈沟通合作机制，畅通不同产业生态圈沟通交流渠道，为各功能区深入合作搭建基础交流平台。其次，探索都市现代农业产业生态圈与相关性较大的产业生态圈产业协作模式。针对都市现代农业产业生态圈的生产加工环节，开展与绿色食品产业生态圈合作，推进都市现代农业与食品产业深度融合；针对都市现代农业产业生态圈的融合发展环节，开展与文旅（运动）产业生态圈、会展经济产业生态圈合作，推进"农业+文创""农业+会展"融合发展；针

对都市现代农业产业生态圈的流通环节，开展与现代物流产业生态圈、现代商贸产业生态圈交流合作，推进"农业+现代物流""农业+现代商贸"融合发展。

2.聚焦城市发展，探索新业态新模式

积极实践在城中融入农业，突破传统农业局限，引进并创新发展"社区支持农业（CSA）"、屋顶农业、城市公共景观"微农田"、城市农业公园等新业态，在城郊地区探索实践以"分享、体验、收获"为主要特征的多形式的市民农园，使农业从传统的乡间田头逐渐扩散，并融入城市生活，促进城市市民、功能区产业人群与农业"零距离"接触。

三、农业产业生态圈跨区域协同发展路径

（一）路径分析

未来农业是一个"你中有我，我中有你"的开放系统，合作与交流的深度，将直接影响其发展的层级和水平。提高农业外向度，主动适应当前国际贸易新变化，不断开拓农业发展新空间，是农业发展到一定时期后的必选项。

聚焦西部，成都历来都是西部商贸中心，是西部大开发的核心区域，是成渝地区双城经济圈的双核之一；立足四川，成都是四川的首位城市，是一干多支的"主干"，是先进要素的集聚地，承担着服务全川的责任担当。"一带一路"倡议、西部大开发战略、成渝地区双城经济圈和自贸区建设等一系列政策机遇，都为成都提供了更加开放的对外平台，让成都从内陆腹地变成改革开放前沿。

广义上讲，不管从空间布局还是产业结构来看，都市现代农业产业生态圈都呈现开放式形态，因此，要以"扎根成都乡土，契合四川实际，瞄准国内需求，放眼全球市场"的姿态，进一步提高区域协同及对外开放深度和广度，加快建设具有国际视野的"开放成都"，不断在世界舞台传递成都声音。

（二）发展路径

农业产业生态圈跨区域协同发展，要遵循"合作→协同→融合"发展路径，通过多渠道发力，实现政策互认、产业互补、要素互通，形成更高能级产业协作。首先是合作发展。充分发挥生态圈先进要素集聚的优势，对外输出理念、模式、人才、技术等，共同谋划落实项目，深入开展合作，与周边区域形成优势互补格局。其次是协同发展。通过产业协作配套，成链发展，构建高能级产业集群，实现跨区域产业大协作

格局。最后是融合发展。通过政策协同发力，实现资金、技术、人才、市场、信息等要素双向循环，构建跨区域融合发展生态圈，如图3-5所示。

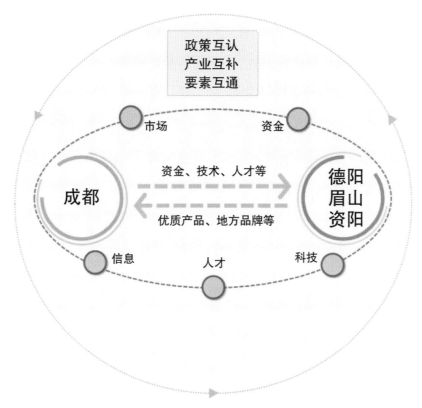

图3-5　成德眉资都市现代农业产业生态圈协同发展示意图

（三）发展举措

以"七大共享平台"建设为核心，带动全川。聚焦土地、金融、技术、市场、信息等核心要素，以农业产业功能区为载体，将农业产业功能区打造成为"七大共享平台"面向全川的窗口，为各市州开放合作搭台、产业转型赋能、创新改革聚势、生态建设助力，实现与兄弟市州间的协同发展和成果共享。

以成渝地区双城经济圈建设为契机，辐射全国。以成德眉资同城化发展为先手棋，共建都市现代高效特色农业示范区，推进成德眉资农业合作共建、资源共用、成果共享。支持有条件的农业产业功能区内龙头企业优先在德阳、眉山、资阳建设原料生产基地或协同产业园区，加强技术协作、产销对接合作、人才交流合作，探索建立农业区域合作长效机制，推动成都市都市圈现代农业快速发展。紧紧抓住成渝地区双城经济圈建设的历史机遇和政策红利，加强与重庆对接合作，以农业产业功能区为核心载体，支撑和推进成渝都市现代高效特色农业带建设。同时，发挥成渝城市群重点开发区引领带动的主体功能，推进西部大开发，以大开放促进大发展，助力形成"陆海内外联动、东西双向互济"开放新格局。

面向全球，传递成都声音。首先，抓住自贸区建设机遇，主动融入国家"一带一路"倡议，加强与长江经济带沿线重点城市的产业合作，以"天府源"品牌建设引领"成都造"农产品，拓展全国乃至全球农产品市场。其次，抓住"蓉欧+"发展机遇，加快国际大宗农产品现货双向交易平台、粮食肉类等重要农产品进境指定口岸建设，创建农业出口备案基地和农产品出口示范区，提升打造全国农产品流通枢纽节点，支持本土企业开展跨境合作，鼓励在境外建立营销机构、建设国际合作园区，带动成都现代农业走向世界。

第五节 成都市都市现代农业产业生态圈"两图一表"

- 中国天府农业博览园"两图一表"
- 都江堰精华灌区康养产业功能区"两图一表"
- 温江都市现代农业高新技术产业园"两图一表"
- 天府现代种业园"两图一表"
- 崇州都市农业产业功能区"两图一表"
- 金堂食用菌产业园"两图一表"
- 蒲江现代农业产业园"两图一表"

中国天府农业博览园农业博览产业链全景图

	支撑产业			核心产业			配套产业	
	人才培训	农业研发	农业生产	农博会展	农博会议	农博旅游	农博会展服务配套	生活休闲服务配套
	技能人才 / 会展人才 / 双创人才	技术研发 / 乡村文创 / 作物培育	产品加工 / 农业总部	展览策划 / 展览组织 / 场馆运营 / 营销推广	会议组织 / 会议发布 / 媒体服务 / 赛事活动	乡村旅游 / 田园康养 / 研学旅游	餐饮酒店 / 物流服务 / 商贸服务	特色小镇 / 精品村落 / 主题社区 / 休闲公园
行业领军	清华大学、浙江大学、中国农业大学、以色列国际农业培训中心、以色列培训研究中心等	拜耳集团、杜邦、新加坡丰益集团、韩国康奈尔大学、加拿大福尼亚大学、中国农业控股股份有限公司、成都绿舟、成都绿舟文化公司等	中粮集团、益海嘉里食品集团、韩国农心食品集团、多利农庄、联合利华集团等	世界农业博览会、中国粮食大会、中国国际农产品交易会、全国农资科技博览会等主办机构	G20农业部长会议、国际农业科技大会、全球农业促进发展大会、中国农业可持续发展论坛等主办机构	荷兰库肯霍夫公园、台湾清境农场、多利农庄、保利集团、融创中国旅游控股、佳兆业文旅集团等	希尔顿、万豪、UPS、洲际、快捷假日酒店、美国特装布展行、中华全国工商业联合会农业商会、兰州文会等	悦格庄、万豪、安达仕酒店、港中旅、星巴克登、每地生鲜、易果生鲜、百胜餐饮集团、中粮集团、携程花园等
成都企业	四川大学、四川省农业科学院、四川农业大学、四川旅游学院等	四川省农业科学院、四川农业大学、成都励翔农业产业有限公司、成都绿舟文化创意股份有限公司、成都绿舟文化公司等	四川农科院、鑫华农业、中农智库、得道绿色、新希望集团、威莱集团等	中国（四川）西部农品交易会、四川省农业会、成都农博会等主办机构	四川乡村振兴战略发展论坛、四川农业合作发展大会、川合农业合作论坛等主办机构	新希望集团、四川旅游、都江堰、成都泰隆游乐体育运动有限公司、成乐实业有限公司等	海底捞、川西坝子、蜀江宾馆集团、蚂蚁物流、力辰国际、成都德尼尔会展物流有限公司、成都商务建设开发有限公司等	言几又、成百集团、成商集团、四川七禾田餐饮集团、四川世纪外乡村红旗连锁、红杏酒家、川菜花妈等
关键短板	• 博览营销、项目策划、乡村治理管理等方面的人才依然紧缺	• 国际高水平会展产业协作平台未成形成 • 缺乏专门的乡村振兴及产品开发创新研究团队	• 目前生产的品级较低、影响力较弱 • 缺乏龙头农业总部企业进驻	• 缺乏本土的品牌国际会议、影响力的国际品牌展会 • 国际会议组织联系较松，缺乏有影响力的高水平自办展会	• 缺乏"一带一路"国际农业合作论坛和投资等主办机构	• 农博旅游消费场景不足，缺乏有影响力的农博旅游主题乐园及休闲产品	• 酒店及配套设施不足，无法满足会展高峰时期的住宿需求 • 会展各类服务配套不完善，缺少会展服务配套企业	• 目前旅游配套设施、休闲生活设施尚不完善，消费场景聚集不足，无法满足会商及游客的消费需求
突破方向	• 重点引进和培养农业规划建设、文创管理及品牌营销等方面高层次人才	• 积极与全球顶级农业高等院校、科研机构及智库合作，建立国际农业文创大师部落文创孵化中心	• 打造高品质现代都市型农业功能区，促进有机循环农业与农业科技融合，引进国际知名农业总部企业入驻	• 培育本地名优农业展"走出去"，促进引进国际级代表性行业展会，构建多元化、宽领域、高层次国际展览格局	• 加强本地农业会议品牌国际化，打造农业类ICCA会议高端会议，引入如G20农业部长会议等国际高端会议，打造中国西部农业主场外交新载体	• 构建多层次农博旅游消费场景延伸农博"新农旅产业"，建设农博旅游和休闲度假网红项目	• 大力引进各类会展酒店，引入农业基金科技企业，提升农业国际化程度 • 加大引进平台建设力度，满足专业展会入驻需求	• 大力引进具有国际影响力的乡村集市、消费零售企业，消费零售业 • 推进农业体验发展，强化农业生态集聚，打造地标式消费场景

中国天府农业博览园农业产业生态发展路径图

右侧功能分类标签：

- 专业性的政策保障体系
- 主导产业链
- 市场化的投资平台
- 政产学研用协同创新平台
- 国家级功能中心和创新中心
- 城市生活设计模型

时间轴（年份）：2020　2022　2025　2035

政策生态

2020	2022	2025	2035
完善农业博览招商引资、企业促建、项目落地、品牌培育等精准服务政策	深化产业企业的"放管服"改革，进一步优化营商环境相关行政数据库	建设乡村振兴的中国典范、建立农博经济及相关行业数据库	世界农博的东方品牌，打造政务服务标杆产业功能区
与银行、券商进行战略合作，组建金融合作联盟，为农博园发展、入注企业提供全方位金融服务	联合省市平台公司，组建金融合作联盟，入注企业提供全方位金融服务	设立1000万元农博园发展基金，为农博园提供精准项目资金支持	实现政府省平台公司与园区运营商共同参与园区建设及运营，建设"一城一产"一体的产业生态环境
组建乡村振兴研究院，新希望"绿领学院""三农"培训，大力培训30余个农业专业成都实训基地	翔生"新农人""一懂两爱"工作队伍	重点引进农业科研和农业会展经济大师，形成满足人力资源全生命周期需求的人才体系	全面打通"人来一人留一人安"乡村人才流通渠道

产业生态

2020	2022	2025	2035
完成设施农业综合体、农博创新中心、张河果园子社区等项目建设	与康奈尔大学、加利福尼亚大学等世界顶级农业高校合作，建设一流农业研发和乡村运营创平台	迈步成为全球农业科研和农业创新发展的新标杆	
优化农业种生态类型，引进头部农业企业入驻	瞄准价值链高端，引进知名农业企业、大力发展农业创新产业和特色总体集群	打造面向"一带一路"的全球农业产经济的新高地	
整体完成主展馆、酒店群落、会议中心等核心区要件建设	承办G20农业部长会议、国际高端论坛主基地，培训2～3个本土世界级农业会展认证品牌	建成全球领先的会展农业博览平台	
持续推进陶然农业、翔生有机农场示范、蓝城小镇等农业文旅项目落地	完成农博小镇、渔浦小镇、宝墩遗址公园建设，多视角呈现天府农业休闲特色消费场景	以乡村为目的地的创新创业平台和以乡村场景为新乡村产业集群	

创新生态

2020	2022	2025	2035
与中国农业大学、中国农业科学院等科研机构合作，培育多个校企合作项目	引进国际知名农业研发类企业研建设科研合作平台，打造政产学研用科校企合作地产学研创新空间	推进功能区政产学研用深度融合，提高科创新能力与科研成果转化产品数量	
依托中国农业科学院设施农业综合体项目，打造现代农业技术集成示范基地	针对依托中国农业科学院、新希望集团，针对乡村振兴精品农博精品乡村的农业研建创新工作平台	形成面向乡村振兴专家智库，形成全国乃至全球农业数据中心、科研中心、人才基地	

共享生态

2020	2022	2025	2035
加快对接地铁10号线的轨道交通接驳系统建设，构建地铁+步行绿色交通体系	打造贯穿空间功能区南北的成都新浦都市现代农业主轴和串联的农博精品乡村旅游线	链接集约的TOD农园交通体系点，建成站城一体、高效集约的农博立体交通功能	
以水润天府核心区为引领，带动大邑、崇州、邛崃、双流等周边区，县生态建设，营造万顷川西平原美景	以水润天府区变景区、田园变公园，农房变客房，打造田园全域农业大地景观	实现农区变景区、田园变公园，农房变客房，让农村成为美丽公园城市农博会展农业形态	
完善核心区域内小镇的城市生活配套设施，旅游厕所，打造4A景区	建设完成以农业为核心的城市生活配套设施，验成型消费场景和主题消费的特色休闲人居社区	全面建成功能齐全的农业功能空间，配套环境质具佳新型休闲度假社区	

阶段目标：

- 到2022年 打造成为四川农博展示和乡村振兴的金字招牌
- 到2025年 打造成为成都建设国际会展名城和世界文创名城、旅游名城的农业博览核心支撑
- 到2035年 力争打造成为乡村振兴新典范、全球农博经济新平台、世界农博旅游新名片

中国天府农业博览园农业博览产业重点招商企业名录表

农博会展

世界农业博览会
联合国粮农组织大会
中国国际农产品交易会
全国农资科技博览会
中国（四川）食品博览会
中国西部国际农业产品交易会
四川省农博会
成都种业博览会

生活休闲服务配套

星巴克登巴　悦格庄
成商集团　万豪
赛格　携程集团
红旗连锁　安达仕酒店
地球仓　中赫花艺
红杏酒家　港中旅
易果生鲜　言几又
川西坝子　中粮集团
每日优鲜　成百集团
皇城老妈
百胜餐饮
四川七禾田餐饮集团
四川世外乡村集团有限公司

农业生产

中粮集团
杜邦集团
多利农庄
新希望集团
新加坡丰益
联合利华集团
韩国农心食品集团
四川农科
成都鑫华农业
四川中农智慧
得益绿色
美好集团
通威集团

农博会展服务配套

UPS快递　希尔顿
锦江宾馆集团　海底捞
佳格天地　万豪
蚂蚁物流　川西坝子
洲涛智能
美国特装布展公司
融创中国控股
中国农商银行
佳兆业文体旅游集团
中华全国工商业联合会
中国农业产业商会
兰博文
成都德尼尔展览策划营销有限公司
成都会展商务建设开发有限公司

农业研发

拜耳集团
康奈尔大学
中国农业大学
四川省农业科学院
以色列国际农业研究培训中心
四川大学
四川省农业科学院
四川农业大学
华侨城
田园东方
祥生集团
成都蓝质质创意产业有限公司
成都绿舟文化公司
成都励朗翔文化创意股份有限公司

农博旅游

荷兰库肯霍夫公园
台湾清境农场
多利农庄
保利集团
恒大旅游集团
融创中国控股
佳兆业文体旅游集团
新希望集团
置信集团
成都文旅集团
四川旅投
成都飞越丛林体育运动公司
成都泰隆游乐实业有限公司

人才培训

清华大学
浙江大学
中国农业大学
以色列国际农业研究培训中心
四川大学
四川省农业科学院
四川农业大学
四川旅游学院

农博会议

G20农业部长会议
国际农业科技发展大会
全球农业研究促进发展论坛
中国乡村振兴发展战略论坛
四川乡村振兴战略发展大会
四川农业合作发展论坛
川台农业合作论坛

79

都江堰精华灌区康养产业功能区康养产业链全景图

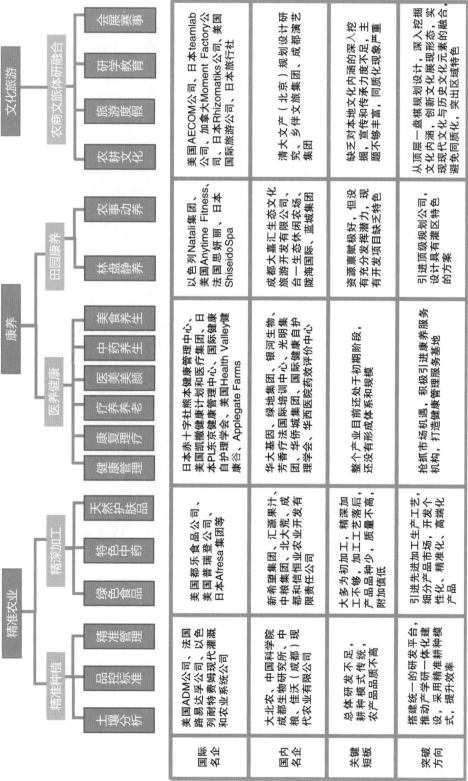

	精准农业 精准种植（土壤分析·品控标准·精准管理）	精深加工（绿色食品·特色中药·天然护肤品）	康养 医养健康（健康管理·康复理疗·疗养养老·医美美颜·中药养生·美食养生）	田园康养（林盘静养·农事动养）	文化旅游 农商文旅体研融合（农耕文化·旅游度假·研学教育·会展赛事）
国际名企	美国ADM公司、法国路易达孚公司、以色列耐特菲姆现代灌溉和农业系统公司	美国都乐食品公司、美国普瑞登登公司、日本Afresa集团等	日本赤十字社熊本健康管理中心、美国凯撒健康计划医疗集团、日本PL东京健康管理中心、国际健康自护理学会、美国Health Valley健康合、Applegate Farms	以色列Natali集团、美国Anytime Fitness、法国思妍丽、日本ShiseidoSpa	美国AECOM公司、日本teamlab公司、加拿大Moment Factory公司、日本Rhizomatiks公司、国际旅游公司、日本旅行社
国内名企	大北农、中国科学院成都生物研究所、中粮、佳沃（成都）现代农业有限公司	新希望集团、汇源果汁、中粮集团、北大荒、成都和信恒业农业开发有限责任公司	华大基因、绿地集团、银河生物、光明集团、华侨城集团、国际医药效评价中心	成都大嘉汇生态文化旅游开发有限公司、乡伴一生态休闲农场、陇海国际、蓝城集团	清大文产（北京）规划设计研究、乡伴文旅集团、成都演艺集团
关键短板	总体研发不足，耕种模式传统，农产品品质不高	大多为初加工，加工不够，产品种少，附加值低	整个产业目前还处于初期阶段，还没有形成体系和规模	资源禀赋极好，但没有充分发挥潜力，现有开发项目缺乏特色	缺乏对本地文化内涵的深入挖掘，宣传和传承力度不足，主题文化现象严重
突破方向	搭建统一的研发平台，建设，推动产学研一体化模式，采用精准耕种模式，提升效率	引进先进加工生产工艺，细分产品市场，开发个性化、精准化、高端化产品	抢抓市场机遇，积极引进康养服务机构，打造健康管理服务基地	引进顶级规划公司，设计具有灌区特色的方案	从顶层一盘棋规划设计，深入挖掘文化内涵，创新文化展现形态，实现现代文化与历史文化元素的融合，避免区域同质化，突出区域特色

都江堰精华灌区康养产业功能区产业生态发展路径图

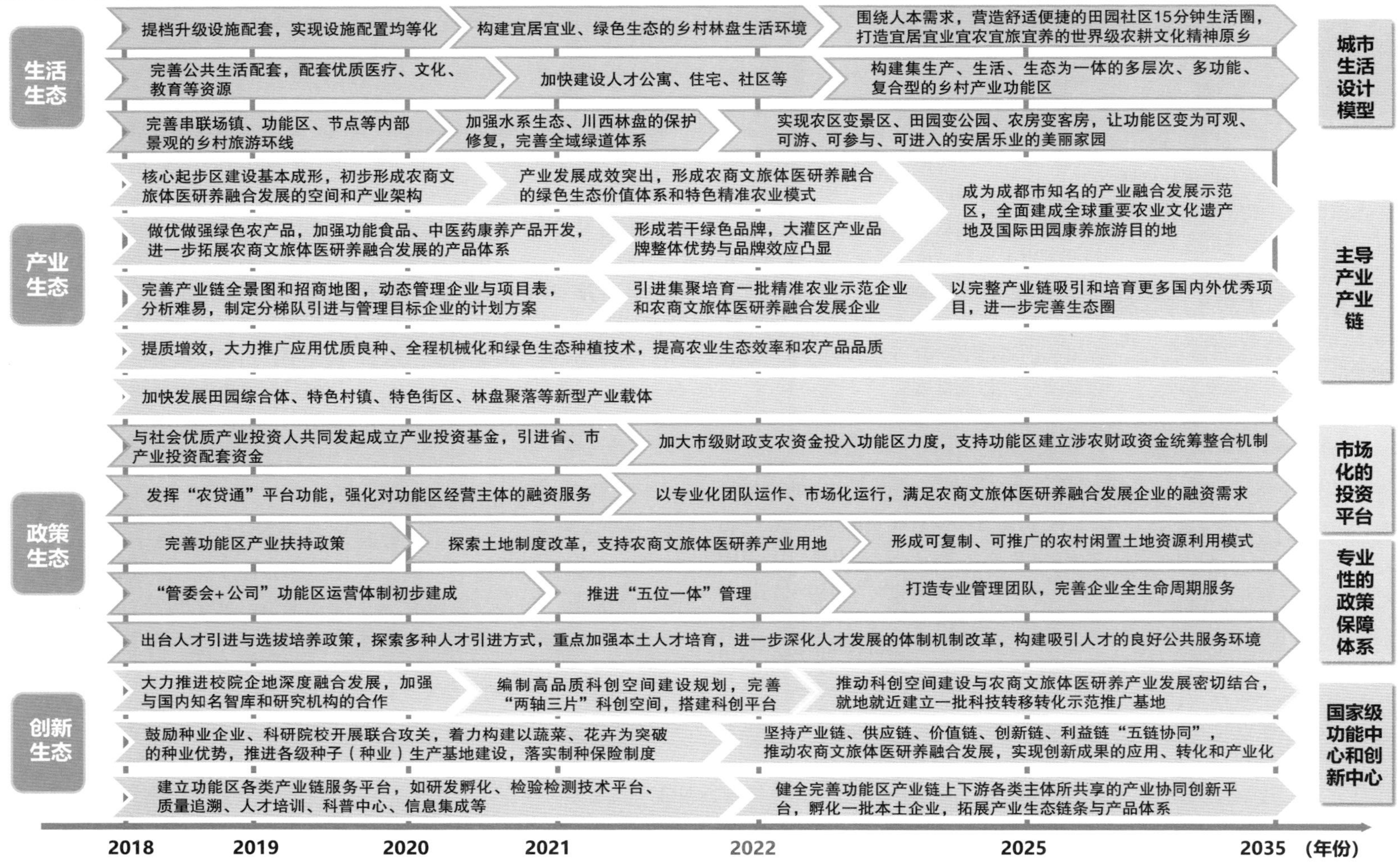
生活生态
提档升级设施配套，实现设施配置均等化
构建宜居宜业、绿色生态的乡村林盘生活环境
围绕人本需求，营造舒适便捷的田园社区15分钟生活圈，打造宜居宜业宜农宜旅宜养的世界级农耕文化精神原乡
完善公共生活配套，配套优质医疗、文化、教育等资源
加快建设人才公寓、住宅、社区等
构建集生产、生活、生态为一体的多层次、多功能、复合型的乡村产业功能区
完善串联场镇、功能区、节点等内部景观的乡村旅游环线
加强水系生态、川西林盘的保护修复，完善全域绿道体系
实现农区变景区、田园变公园、农房变客房，让功能区变为可观、可游、可参与、可进入的安居乐业的美丽家园
城市生活设计模型
产业生态
核心起步区建设基本成形，初步形成农商文旅体医研养融合发展的空间和产业架构
产业发展成效突出，形成农商文旅体医研养融合的绿色生态价值体系和特色精准农业模式
成为成都市知名的产业融合发展示范区，全面建成全球重要农业文化遗产地及国际田园康养旅游目的地
做优做强绿色农产品，加强功能食品、中医药康养产品开发，进一步拓展农商文旅体医研养融合发展的产品体系
形成若干绿色品牌，大灌区产业品牌整体优势与品牌效应凸显
完善产业链全景图和招商地图，动态管理企业与项目表，分析难易，制定分梯队引进与管理目标企业的计划方案
引进集聚培育一批精准农业示范企业和农商文旅体医研养融合发展企业
以完整产业链吸引和培育更多国内外优秀项目，进一步完善生态圈
提质增效，大力推广应用优质良种、全程机械化和绿色生态种植技术，提高农业生态效率和农产品品质
加快发展田园综合体、特色村镇、特色街区、林盘聚落等新型产业载体
主导产业产业链
政策生态
与社会优质产业投资人共同发起成立产业投资基金，引进省、市产业投资配套资金
加大市级财政支农资金投入功能区力度，支持功能区建立涉农财政资金统筹整合机制
发挥“农贷通”平台功能，强化对功能区经营主体的融资服务
以专业化团队运作、市场化运行，满足农商文旅体医研养融合发展企业的融资需求
市场化的投资平台
完善功能区产业扶持政策
探索土地制度改革，支持农商文旅体医研养产业用地
形成可复制、可推广的农村闲置土地资源利用模式
“管委会+公司”功能区运营体制初步建成
推进“五位一体”管理
打造专业管理团队，完善企业全生命周期服务
出台人才引进与选拔培养政策，探索多种人才引进方式，重点加强本土人才培育，进一步深化人才发展的体制机制改革，构建吸引人才的良好公共服务环境
专业性的政策保障体系
创新生态
大力推进校院企地深度融合发展，加强与国内知名智库和研究机构的合作
编制高品质科创空间建设规划，完善“两轴三片”科创空间，搭建科创平台
推动科创空间建设与农商文旅体医研养产业发展密切结合，就地就近建立一批科技转移转化示范推广基地
鼓励种业企业、科研院校开展联合攻关，着力构建以蔬菜、花卉为突破的种业优势，推进各级种子（种业）生产基地建设，落实制种保险制度
坚持产业链、供应链、价值链、创新链、利益链“五链协同”，推动农商文旅体医研养融合发展，实现创新成果的应用、转化和产业化
建立功能区各类产业链服务平台，如研发孵化、检验检测技术平台、质量追溯、人才培训、科普中心、信息集成等
健全完善功能区产业链上下游各类主体所共享的产业协同创新平台，孵化一批本土企业，拓展产业生态链条与产品体系
国家级功能中心和创新中心
2018
2019
2020
2021
2022
2025
2035
（年份）

都江堰精华灌区康养产业功能区重点招商企业名录表

	精准农业			
	产前研发	精准生产	精深加工	营销网络
国际企业	埃及艾格泰克国际农业开发集团，以色列海泽拉优质种子公司，以色列耐特费姆现代灌溉和农业系统公司，美国Apeel Sciences公司等	粮油：美国ADM公司，美国邦吉公司，美国嘉吉公司，法国路易达孚公司，新加坡丰益国际集团等 猕猴桃：意大利Summerfruit公司等 川芎：美国IntelinAir公司，美国AgBiome公司，美国Benson Hill Biosystems公司，美国Blue River Technologies公司等	美国都乐食品公司，美国食品公司，日本普瑞登公司、Alfresa集团等	美国都乐食品公司，佳沛新西兰奇异果国际行销公司，伊藤电商，美国Americold Realty Trust公司，美国Thermo King公司等
国内企业	大北农集团，中国科学院成都生物研究所，丰乐种业、四川省农业科学院、四川农业大学、四川农业大学管理学院，四川艾欧特智能科技有限公司，成都智棚农业科技有限公司，成都天地量子科技有限公司，四川华益嘉德农业科技有限公司，都江堰一生源农业科技有限公司等	粮油：中粮集团、袁隆平农业高科技股份（成都）现代农业有限公司，成都益农农业有限公司，四川中新农业发展有限公司，四川省百益农业科技有限公司等 猕猴桃：佳沃 川芎：四川省中药饮片有限责任公司，都江堰市天府川芎科技开发有限公司，四川子乐实业股份有限公司，都江堰川芎工程技术研究中心等	新希望集团，汇源果汁、中粮集团、北大荒，成都和信恒业农业开发有限责任公司，福润肉类加工有限公司等	中农网、罗牛山股份、京东生鲜、美菜网、盒马鲜生、一生鲜、长源农业、新发地、米鲜生，成都鲜果电商联盟，成都新品川公司，成都市德开农产品有限公司，都江堰粮缘商贸有限责任公司等

（续表）

分类	田园康养产业		
	休闲康养	食药美颜康养	康养服务
国际企业	法国勒芒（亚洲）集团、以色列Natali集团、美国Anytime Fitness、日本Shiseido Spa、法国思妍丽等	韩国原辰整形整容、泰国chivason健康管理、瑞士蒙特尔抗衰、新加坡百汇医疗、阿特蒙医疗	日本赤十字社熊本健康管理中心、美国凯撒健康计划和医疗集团、日本PL东京健康管理中心、国际健康自护理学会等
国内企业	成都大嘉汇生态文化旅游开发有限公司、四川贡嘎神汤温泉有限公司、荷兰林堡中国中心技术交易与展示中心、合一生态休闲农场、蓝城国际、陇海国际、万科、恒大集团、中农国发、左右科技、蓝绿双城、世茂集团、锐丰集团、田园东方、北京地界、中农城投、天域生态、大和自在城、中诚邦集团、世纪金源、碧桂园农业、多利集团、一德集团、保利集团、伽佰利传媒、东方园林、美景集团、乾景园林、岭南园林、东旭蓝天、北控资源集团、成都大嘉汇温泉有限公司、四川贡嘎神汤交易与展示中心、荷兰林堡中国中心技术交易与展示中心、化旅游开发有限公司、尚作农业、盆之缘韵等	春盛药业、申都药业、四川中药饮片、四川德仁堂、上药集团、海王集团、天津市康婷生物工程有限公司、成都锦欣中医医院、成都御生堂中医馆、成都锦丹欣康养医院管理有限公司、四川省中医药大健康产业投资有限公司、四川中医药大健康产业投资有限责任公司、华西医院天乐药业投资中心、成都海斯堡医学科技、成都阳光临床等	华大基因、绿地集团、中国平安、美年大健康、银河生物、芳香疗法国际培训中心、光明集团、华怀城集团、国际健康自护理学会、燕达国际健康城、湖北神丹健康食品有限公司、康美实业、中国人寿、四川智汇堂、成都颐养堂、成都亲睦家、四川天乐药业集团有限公司、成都市新华健康管理、成都获安堂健康管理、药明康德等

（续表）

分类	文化旅游产业		
	文化	旅游	文旅服务
国际企业	美国AECOM公司，日本teamlab公司，加拿大Moment Factory公司，日本Rhizomatiks公司	Premium奥特莱斯，英国玛莎百货，洲际酒店集团，希尔顿酒店集团，喜来登酒店与度假村集团	美国运通，日本JTB佳天美，美国国际旅游公司，日本旅行社
国内企业	清大文产（北京）规划设计研究，邛崃川西林盘文化旅游股份集团有限公司，乡伴文旅集团，江西大鼎集团，成都演艺集团，广东锐丰，龙浩集团，复兴旅文集团，岭南控股，禾城演艺，海森文旅科技集团，左右科技，蓝绿双城，优品道，中农蓝田成都有限公司，都江堰向荣花里民宿，清良家庭家庭农场，金山花海裸心谷农业，农沁公司，四川锐丰，锦南农业，猪圈咖啡，银源农业，都江堰市古韵清泉家庭农场，又一村，成都地森，翔达置业，锦江绿道，清控人居，四川发展（控股），村季拾光	华侨城集团，恒大集团，田园东方，亿利集团，侨城集团，中青旅集团，雪松文旅，锦江股份，万达集团，恒大集团，田园东方，蓝城集团，伟光汇通，碧桂园农业，多利集团，尚作农业，云南海诚集团，一德集团，万科集团，众安集团，保利集团，东方园林，乾景园林，美德集团，岭南园林，东旭蓝天，北控资源集团，水发智慧，金天，美大兰广告传媒，正大生态工程，大西兰广告传媒，百石汇石业，道之韵，陆易斯通等	全球通旅游，携程订制旅行，同程旅行，中国国旅，八爪鱼在线旅游，蜘蛛旅游，广东易游，芝麻游，无二之旅，广西南珠宫集团，大和集团，辛巴达旅行，欣欣旅游，开元酒店，自在城，安踏，岭南生态文旅，同程旅游，蚂蜂窝，鲜旅集团，岭南生态文旅，丸子地球，世界邦旅，中青旅，众信旅游，凯撒旅游，成都联赢智旅，四川康辉国际旅行社，优品道，成都西行起点旅游资源产开发有限公司，成都青年旅行社，成都蓝湖国际旅行社，宝中旅游，成都传媒集团，成都未也旅游股份公司

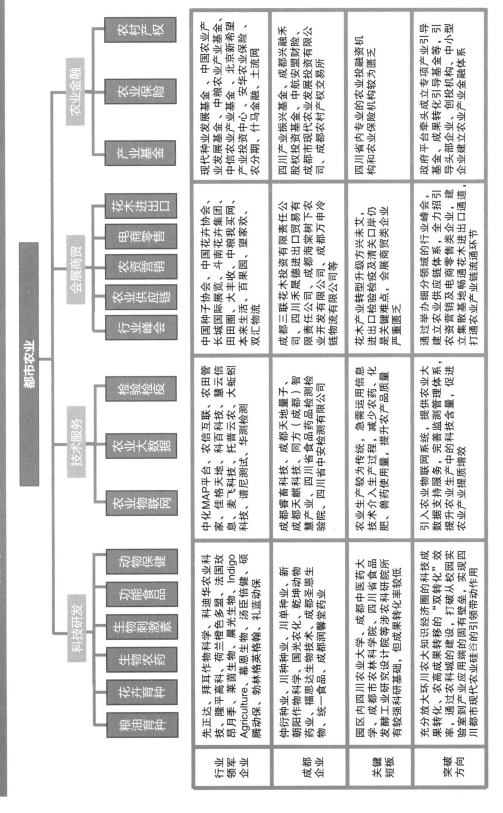

温江都市现代农业高新技术产业园都市农业产业链全景图

都市农业

	科技研发	技术服务	会展商贸	农业金融
子类	粮油育种、花卉育种、生物农药、生物刺激素、功能食品、动物保健	农业物联网、农业大数据、检验检疫	行业峰会、农业供应链、农资营销、电商零售、花木进出口	产业基金、农业保险、农村产权
行业领军企业	先正达、拜耳作物科学、科迪华农业科技、隆平高科、荷兰橙色多多、法国玫昂月季、莱茵生物、晨光生物、Indigo Agriculture、慕恩生物、汤臣倍健、勃林格英格翰、礼蓝动保	中化MAP平台、农信互联、农田管家、佳格天地、科百科技、托普云农、麦飞科技、慧云信息、大姬哥、谱尼测试、华测检测	中国种子协会、中国花卉协会、长城国际展览、斗南花卉集团、田田圈、大丰收、中粮我买网、本来生活、百果园、望家欢、双汇物流	现代种业发展基金、中国农业产业发展基金、中粮农业产业基金、北京新希望产业投资中心、安华农业保险、农分期、什马金融、土流网
成都企业	仲衍种业、川种种业、川单种业、新朝阳作物科技、国光农化、乾坤动物药业、福思达生物技术、成都圣恩生物、统一食品、成都润馨堂药业	成都睿畜科技、成都天府猫、成都天麒产业、同方（成都）智慧产业、四川省药品药品检验院、四川省安监测有限公司等	成都三联花木投资有限责任公司、四川禾晟德进出口贸易有限责任公司、成都海棠树下农业开发有限公司、成都万申冷链物流有限公司等	四川产业振兴基金、成都兴融机股权投资基金、中航安盟财险、成都市现代农业发展投资有限公司、成都农村产权交易所
关键短板	园区内四川农业大学、成都市农林科学院、四川省农科院、四川省工业研究设计院等涉农科研院所有较强科研基础，但成果转化率较低	农业生产较为传统，急需运用信息技术介入生产过程，减少农药、化肥、兽药使用量，提升农产品质量	花木产业转型升级方兴未艾，进出口检验检疫及清关口岸仍是关键堵点，会展商贸类企业严重匮乏	四川省内专业的农业投融资机构和农业保险机构均较为匮乏
突破方向	充分放大环川农大知识经济圈的科技成果转化、农高成果转移转化的"双转化"效率，通过农科城的建设，打造从校园实验室到产业应用前端的固有壁垒，实现四川都市现代农业耦合的引领带动作用	引入农业物联网系统，提供农业大数据支持服务，完善监测管理体系，提升农业生产中的科技含量，促进农业产业提质增效	通过举办分领域的行业峰会，建立农业供应链体系，全力招引农资营销及电商零售类企业、建立大集散基地畅通花木进出口通道，打通农业产业链通环节	政府平台牵头成立专项产业引导基金、成果转化引导基金等，引导头部企业、创投机构、中小型企业建立农业金融体系

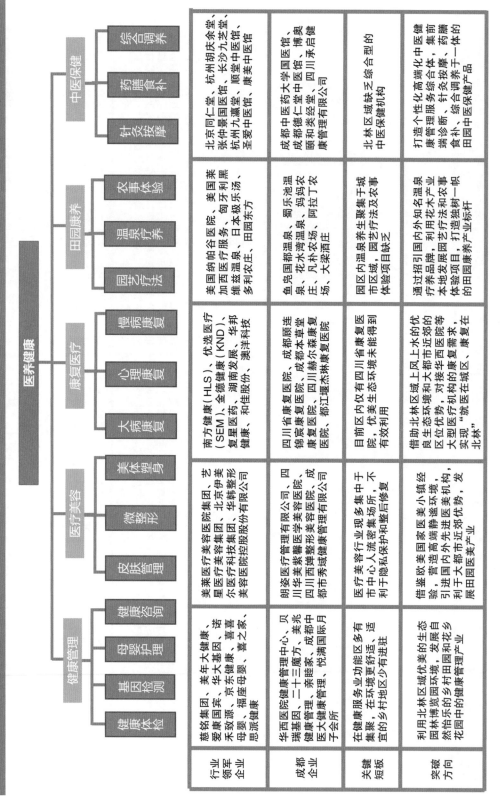

温江都市现代农业高新技术产业园医养健康产业链全景图

温江都市现代农业高新技术产业园文创旅游产业链全景图

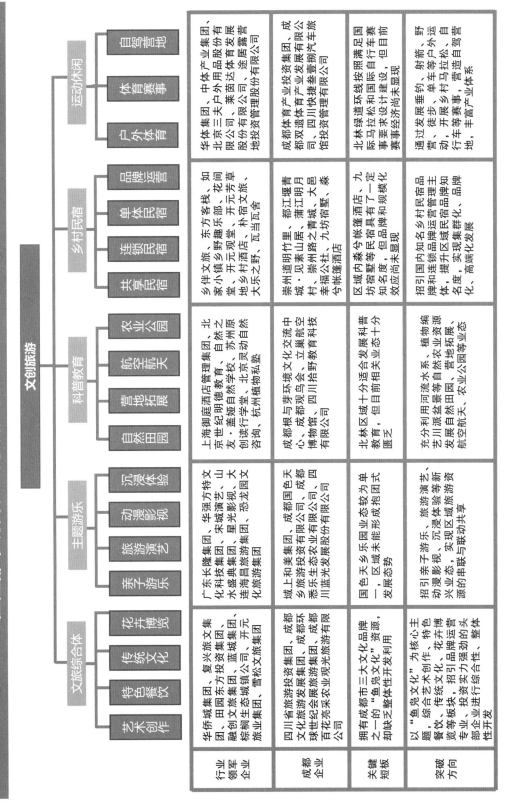

文创旅游

	文旅综合体（艺术创作、特色餐饮、传统文化、花卉博览）	主题游乐（亲子游乐、旅游演艺、动漫影视、沉浸体验）	科普教育（自然田园、营地拓展、航空航天、农业公园）	乡村民宿（共享民宿、连锁民宿、单体民宿、品牌运营）	运动休闲（户外体育、体育赛事、自驾营地）
行业领军企业	华侨城集团、复兴旅游集团、东方园东方投资集团、蓝城集团、棕榈生态城镇有限公司、开元旅业集团、雪松文旅集团	广东长隆集团、华强方特文化科技集团、宋城演艺、山水盛典集团、星光影视、大连海昌旅游集团、恐龙园文化旅游集团	上海御庭酒店管理集团、北京世纪明德教育、自然之友·盖娅自然学堂、苏州童创行学堂、北京灵动自然博物私塾、咨询、杭州植物私塾	乡伴文旅、东方各栈，如家小镇乡野趣乐堂、花间堂、开元芳草地乡村酒店、朴宿文旅、大乐之野、瓦当瓦舍	华体集团、中体产业集团、北京三夫户外用品股份有限公司、莱茵达体育发展股份有限公司、途居露营地投资管理股份有限公司
成都企业	四川省旅游投资集团、成都文化旅游发展集团、成都环球世纪会展旅游集团、成都百花亮采农业观光旅游有限公司	成上和美集团、成都国色天乡旅游投资有限公司、成都环乐生态农业发展股份有限公司、四川蓝光发展股份有限公司	成都根与芽环境文化交流中心、成都观鸟会、立巢航空博物馆、四川拾野教育科技有限公司	崇州道明竹里、都江堰青城·见素山居、蒲江明月村、大邑崇州路之青城、幸福公社、九坊福里、溪兮帐蓬酒店	成都体育产业投资集团、成都双遗体育发展有限公司、四川快捷营地投资管理有限公司、馆投资管理股份有限公司
关键短板	拥有成都市三大文化品牌之一的"鱼凫文化"资源，却缺乏整体性开发利用	国色天乡乐园业态较为单一，发展未集	北林区域十分适合发展科普教育，但目前相关业态十分匮乏	区域内森今帐蓬酒店、九坊别墅等民宿具有了一定知名度，但品牌和规模化效应尚未显现	北林绿道沿线按照满足国际马拉松和国际自行车赛事要求设计建设，但目前赛事经济尚未显现
突破方向	以"鱼凫文化"为核心主题，综合艺术创作、传统文化、餐饮、花卉博览等板块，招引实力强劲的头部企业进行行业综合性、整体性开发	招引亲子游乐、动漫影视、沉浸体验等新兴业态，实现区域旅游资源的串联与联动共享	充分利用河流水系、川派盆景等自然资源艺川派盆景景观发展自然田园、营地拓展、航空航天、农业公园等业态	招引国内知名乡村民宿品牌和连锁民宿运营主体，提升区域民宿品牌知名度、实现集群化、品牌化、高端化发展	通过发展垂钓、徒步、射箭、单车等户外运动，开展乡村、开展户外赛事，营造自驾营地，丰富户外体育产业体系

温江都市现代农业高新技术产业园产业生态发展路径图

年份： 2018 2019 2020 2021 2022 2023 …… 2035（年份）

右上发展定位：
- 依托国家农高区建设的重大契机，实现对成都及四川农业科创引领的引领作用
- 依托医学城高级别的医疗、医学、医药产业基础支撑，建设高端特色生养生目的地
- 依托花木产业和主题游乐产业基础，以农商旅体融合发展，助力本土产业升级，形成文创旅游新亮点

都市农业

- 近期2020年产值达到247亿元
- 中期2030年产值达到1 002亿元
- 近期2035年产值达到259亿元

- 共建"西南作物基因资源发掘与利用"国家重点实验室、四川农业大学国家大学科技园、"一带一路"国际农业合作中心，新增3~5个校企联合实验室
- 新增5~10个校企联合实验室，与国内外知名院所共建3~5个国际合作交流中心

- 助力花木产业转型升级，助推农业产业链高值化延展
- 立足成都，服务四川，为四川农业的高质量发展注入科创动力源，助力全省实现以农业现代化的跨越
- 辐射西南，为西南区域农业实现特色"新四化"生产标准化、经营规模化、农业现代化"新四化"提供智力支持

- 现代种业：重点关注水稻、玉米、小麦、油菜、拔节生物、植物化学、绿化苗木、彩色植物等花卉苗木的新品种选育
- 绿色农药：重点关注微生物、植物源、生物农药和作物化学，天敌生物等的微生物、多不饱和脂肪酸、复合脂质、蛋白质和氨基酸、酚类、维生素、矿物质的研发及物质功能因子的健康食品研发
- 动物医学：重点关注富含膳食纤维、低聚糖、猪、牛、羊、水产等养殖动物的疫苗、中成药、化学药品、生化药品等生化药物保健药品研发

医养健康

- 聚焦农业物联网、农业大数据、检验检疫、农业金融、农业电商、合储物流、农业营销等领域，搭建农业服务平台，全面助力农业生产，提质增效
- 搭建一城三院五个主体的农高产业保障体系，立足成都，招引全国、面向世界，招引农业产业龙头企业

- 发展以母婴护理、温泉疗养、针灸推拿、药膳食补、综合调养等为重点方向的两养健康产品
- 发展以大病康复、心理康复、慢病康复、医疗美容等为重点方向的两养田园康养产品。发展自然怡养田园温泉为重点方向的乡村田园康养产业体系

- 与现有乡村民宿载体相结合，满足客户群体多样化的消费生态需求
- 充分承接医学城业态、服务端、体验端业态，实现产业区园区联动共享
- 与凤凰康养小镇、心灵湖康养小镇等康美文旅综合体项目建设同步推进，无分导入健康管理、医疗美容、田园康养、中医保健等产业

- 到2020年末每年服务高端客群数量250万人次
- 到2030年每年服务高端客群数量700万人次
- 到2035年年服务高端客群数量1 000万人次

- 到2020年末空气质量指数小于100的天数达到240天
- 到2030年末空气质量指数小于100的天数达到270天
- 到2035年末空气质量指数小于100的天数达到290天

文创旅游

- 围绕国色天乡主题游乐组团，植入亲子游乐、旅游演艺、动漫影视、科普教育、活动休闲等业态，做强核心产品
- 以"鱼岛文化"为核心，辅以鱼干艺术创作、传统文化、花卉博览等主题发展文旅融合现象级旅游产品
- 以高端康养、运动健康、乡村旅游为核心，启动国家级康养旅游度假区申报，把温江建设成为健康旅游目的地

- 5A级旅游景区1个，4A级旅游景区2个
- 5A级旅游景区2个，4A级旅游景区4个
- 5A级旅游景区5个

温江都市现代农业高新技术产业园重点招商企业名录表

农创农旅农养融合发展

医养健康

已落户：寿嘉园、来睦家、成都中医大泰康医药科技有限责任公司、悦满篮月子会所、博鳌颐和类经堂、金摇篮健康管理有限公司、成都温江尚健熹卡医疗美容诊所等

已签约：日本极乐汤温泉、成都美尚米兰健康管理有限公司、四川中微健康管理有限公司、成都缘灵灸健康咨询有限公司、四川手生堂健康管理有限公司等

拟招引：慈铭集团、诺禾致源、福坐母婴美堂、艺星医疗美容、华邦健康、北京同仁堂医疗、成都中医药大学国医馆、成都德仁堂中医馆、匈牙利黑维兹温泉等

技术服务

已落户：四川农业大学科技开发咨询公司、四川农链数科科技有限公司、四川农牛科技有限公司、四川西昊智慧农醉技术有限公司、四川农业特色品牌开发与传播研究中心等

已签约：京东数字农业研究院、四川数字农业创新中心、成都植物研究院、深圳泽禾力达土壤修复改良新技术服务中心、成都智拓百川农业技术咨询服务有限公司等

拟招引：北京东方文粹农业咨询有限公司、中安检测温江中心、猪八戒农业产业运营中心、华测检测西南服务中心、中移物联网云平台合作中心、北京颖泰嘉和分析技术研究中心等

科技研发

已落户：四川农业大学、成都农林科学院、成都市现代农业产业技术研究院、成都科睿酒源发酵技术有限公司、成都乡春智农农业研发中心、马铃薯研究开发与利用、四川精制茶学研究院等

已签约：四川农业大学科技园、云投生态花卉创新中心、新尚植物研究中心、四川蜀源弘芝生物科技研发中心、深圳泽青源新型生物质研发中心、京蓝科技股份有限公司等。

拟招引：先正达（中国）花卉育种中心、正大集团动物保健中心、海利尔农业生物农药研发中心、中农富通西南研究院、中国水生态科研中心、中农花都国际花卉联合创新研究院等

农业金融

已落户：成都农信科创孵化器有限公司、成都光华开源资本管理有限责任公司等

拟招引：现代种业发展基金、中粮农业产业基金、新希望产业投资、中信农业投资、安华农业保险、农分期、上海大省农业投资、悦达投资、土流网络金融科技等

文创旅游

已落户：成都国色天乡旅游投资有限公司、七彩海巢欢乐世界、燕兮帐篷酒店、九坊宿墅、万科悦榕庄、星光文旅城、龙腾梵谷、桐栖水云居、半亩方塘、惠美花境、明信依田村、温江三二三里新村落、鲞壹捌汽车露营地等

已签约：新尚国际花卉创园、四季椿山都市农庄、凤凰文旅露营基地、岷江指泛汽车小镇、鱼凫水乡生态科创园、四季棒山都市生态乐园、大拇指桂南田园康养综合体、冀望九天概空主题乐园等

拟招引：华侨城集团、田园东方投资集团、蓝城集团、棕桐生态城镇公司、台湾石匠文旅、北京灵动自然集团、乡伴文旅、开元文堂、大乐之野、莱茵达体育发展股份有限公司、途居露营管理有限公司、成都观鸟会、成都根与芽环境文化交流中心等

花木商贸

已落户：成都花木交易所、成都保尔惠美种苗有限公司、成都三联花木投资有限责任公司、四川苗速达供应链管理有限公司、四川蕙芦兄弟集采供应链管理有限公司、四川禾晟德进出口贸易有限公司、成都海棠树下农业开发有限公司等

已签约：成都云投云图生态园林景观工程有限公司、中斯加持（重庆）科技有限公司、大拇指泛亚农业、北京城水众邦网络科技有限公司、四川云衣邦网络科技有限公司、成都惠民社商业管理有限公司、四川云农现代农业管理有限公司、中国供销农产品云仓供应链集团有限公司等

拟招引：长城国际展览中心、云南英茂现代农业产品仓储物流中心、中国供销农产品云仓供应链管理集团有限公司等

天府现代种业园种子产业链全景图

	品种研发		生产繁育		服务及功能延伸
	生物信息（信息分析、检测技术）	育种研发（资源保存、资源创制、品种选育、品种评价）	农作物繁育（蔬菜种苗、花卉种苗、茶叶种苗、水稻种子、油菜种子、玉米种子）	畜禽水产繁育（畜禽种业、水产渔苗）	生产性服务功能延伸（品种审定、成果转化、科普体验、种业博览）
国内外知名企业	华智水稻、华大基因、谱尼测试、百格基因	拜耳、先正达、瑞克斯旺、隆平高科、垦丰、金色农华、大银种业、中国种子、川农高科等	先正达、利马格兰、拜耳、科迪华、坂田种苗、瑞克斯旺、圣妮斯、丹农、北大荒垦、大华种业、广东鲜美、农发、山东登海、圣丰种业、至丰种业、东亚种业、鸿翔种海、广西绿海、广西兆和、明天种业、广陵高科、荣稻科技、秋乐种业、万德福、嘉禾种业、四川丰华等	比利时伟伟水产集团、通威集团、微软农庄、大北农、四川黑猪、重庆跳阳、四川巨星、广东温氏、鑫绿福业、金忠肉业等	中国化工、中化集团、华大基因、华智水稻、绿城集团、北京宏福、棕榈集团、上海世茂、鑫华联、益民生鲜、恒大集团、中粮集团、益海嘉里、米业等
研究机构	华大基因、华智水稻、中玉金标记等	国际水稻所、中国农业科学院、浙江大学、中国农业大学、四川省农业科学院、四川农业大学等	国际水稻所、中国农业科学院、武汉大学、浙江大学、华中农业大学、四川省农业科学院、四川农业大学等	中国科学院水生生物研究所、中国农业科学院、四川省农业科学院、西南大学、四川农业大学等	稻米及制品监督检验检测中心、国家品种测试西南分中心（DUS测试中心）、四川省种质资源中心库、四川省种子质量检测中心
关键短板	本地缺乏生物信息类研发机构	专业的公共研发和检测平台市场化水平偏低	缺少行业头部企业，研发能力较低	水产科研能力偏弱	服务体系不完善、品牌效益不高，产业互联发展能度不强，产业价值链转化
突破方向	依托天府现代种业园、引进生物信息类公司入驻园区等、开展生物信息分析	深化与中国农业科学院、四川农业大学等知名高校合作，依托天府现代种业园区建设，打造品种资源保存、评价、利用平台	依托天府现代种业园建设，加快引进研发、育种一体化企业，推广种、育种，重点引进行业龙头企业。	在天府现代种业园内引导雅南猪、成华猪、高端育种等种业企业建立研发机构	延长产业链、增加产值，增强产业发展能级，突出种业价值转化

天府现代种业园产业生态发展路径图

年份： 2018　2019　2020　2021　2022　2025　2035

顶部目标模块： 城市生活设计模型　主导产业链　市场化的投资平台　专业性的政策保障体系　国家级功能中心和创新中心

生活生态

- 以种业总部基地为核心的园区中央商业园初具雏形
- 打造"产城融合公园式社区"
- 打造"一廊三镇多林盘"的产城融合示范区
- 聚焦人本需求，构建多层级生活配套业态，营造舒适便捷的产业新城
- 打造智能化、商业化、景区化、宜居、宜游的生活场景，构建人—园—境—业协同发展的现代农业产业功能区
- 以城市农业公园为载体，打造生产型、文创型、科研型林盘
- 构建制造—研发—办公—居住—旅行—休闲娱乐一体化的新型智慧城市

产业生态

- 引育繁推一体化企业2家
- 吸引3~5家国内外种业相关行业领军企业
- 培育种业企业创新发展，打造具有国际影响力的种业园
- 吸引科研单位四川省农业科学院等入驻，四川省作物新品种展示基地
- 吸引中国农业科学院等知名科研机构入驻
- 建立与睿欧快快物、天府国际机场的无缝对接，构建"公铁空"现代长江中上游水稻新品种展示基地立体物流体系
- 形成种业总部经济为引擎，以粮油（杂交水稻）种业为基础，形成多门类种业同步发展的"大种业"产业格局
- 全面建成西南地区种业分子科研育种基地、国际种业博览中心，中国西南高端种业总部基地

政策生态

- 建立重点企业，项目融资信息对接清单
- 四川省融资......
- 以专业化团队运作，市场化运作，满足生产和科研发展的融资需求
- 完善提升产业发展能级，建立产业发展政策
- 围绕种业科技，引进两院院士、知名育种科学家入驻园区，开展新品种新技术研发、推广等工作
- 构建种业科研+成果转化+产业拓展的创新孵化体系
- 建成国家品种测试西南分中心、种子质量检测中心
- 建成土壤院士工作站，四川省水稻产业技术研究院等，搭建种业双创工作平台
- 建设四川省种质资源中心库，种业分子科研协同发展
- 力争西南农作物基因国家重点实验室落户，建成国家现代种业园
- 实现政产学研协同发展

创新生态

- 落实种业保险制度，保障种子基地安全生产、生产技术创新
- 整合中国农业科学院、四川农业大学、四川省农业科学院等创新资源，组建产学研协同创新联合体，聚焦突破前沿技术、共性关键技术
- 依托相关科研院所、高等院校、重点企业建立西南种业创新孵化中心，推进种业创新发展
- 创新实施"园区管委会+平台公司+X"管理建设模式，推动园区创新可持续健康发展
- 建成国际种业创新示范高地

天府现代种业园重点招商企业名录表

粮油、经作、畜禽、水产等种业类

国际知名企业

已落户：中国化工（先正达）

重点引进：先正达、拜耳、科迪华、利马格兰、巴斯夫、科沃施、坂田种苗、瑞克斯旺、安莎种业、比利时英伟水产集团、米可多、安道麦

国内知名企业

已落户：北大荒垦丰、中化农业、大北农、吉林鸿翔、安徽丰大、荃禾种业、嘉禾种业、嘉林、微牧、旺江农牧

重点引进：隆平高科、荃银高科、大华种业、中农发、中化集团（中种）、山东登海、敦煌种业、金色农华、百欧绿业、广东鲜美、九圣禾种业、广西兆和、广西绿海、东亚种业、丰乐种业、仲衍种业、万德科技、四川丰大、香港和意、巨星农牧、鲜美种业、勿忘农种业、福端华安种业等

产业服务支撑类

已落户：育良种子检测、华测检测、谱尼测试、新兴粮油、鑫禄福、蠡鑫蜂业

重点引进：华大基因、华智水稻、中粮集团、北大荒、盆海嘉里、泽泉科技

一三互动类

重点引进：恒大集团、上海世贸、棕桐集团、宏福集团、东方园林、绿城中国、碧桂园、丰大国际、中国金茂

科研院校及平台

已落户：中国农业科学院、四川农业科技成果转化西南分中心、四川省农业科学院、四川农业大学、四川省农业科学院、成都市农科院、国家品种测试西南分中心、四川种质资源中心库

重点引进：国家农业科技成果转化西南分中心、油粮及制品质量监督检测中心、农业农村部食品质量监督检验检测中心、四川省种子质量检测中心（成都）、稻米及制品质量监督检验检测中心、长江中上游水稻新品种展示示范基地

崇州都市农业产业功能区产业链全景图

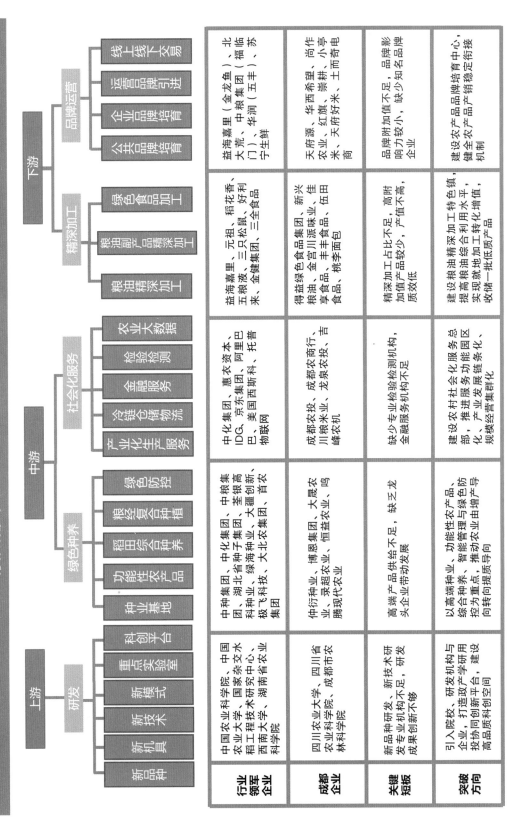

上游	中游		下游	
研发	绿色种养	社会化服务	精深加工	品牌运营
新品种、新机具、新技术、新模式、重点实验室、科创平台	种业基地、功能性农产品、稻田综合种养、粮经复合种植、绿色防控	产业化生产服务、冷链仓储物流、金融服务、检验检测、农业大数据	粮油精深加工、粮油副产品精深加工、绿色食品加工	公共品牌培育、企业品牌培育、运营品牌引进、线上线下交易

	研发	绿色种养	社会化服务	精深加工	品牌运营
行业领军企业	中国农业科学院、中国水稻工程技术研究中心、西南大学、湖南省农科学院	中种集团、中化集团、中粮集团、湖北省种子集团、荃银高科种业、绿海大疆创新科飞科技、大北农集团、首农集团	中化集团、惠农资本、IDG、京东集团、阿里巴巴、美国西斯科、托普物联网	益海嘉里、五粮液、无祖、稻花香、三只松鼠、好利来、金健集团、三全食品	益海嘉里（金龙鱼）、北大荒、福临门、中粮集团（五丰）、华润、苏宁生鲜
成都企业	四川农业大学、四川省农业科学院、成都市农林科学院	仲衍种业、博恩集团、大晟农业、录超农业、悟益农业、鸣腾现代农业	成都农行、成都农投、川粮米业、龙泉农投、吉峰农机	得益绿色食品集团、金官川派味业、享食品、桃李面包、新兴佳食品、伍田食品、丰丰面包	天府源、华西希望、红旗、农业、天府好米、尚作农业、崇耕、小亭、土商电商
关键短板	新品种研发、新技术研发专业机构不足、研发成果转化不够	高端产品供给不足，缺乏龙头企业带动发展	缺少专业检验检测机构，金融服务机构不足	精深加工占比不足，高附加值产品较少，产值不高，加工转化率低，质效低	品牌附加值不足，品牌影响力较小，缺少知名品牌企业
突破方向	引入院校、企业、投协同创新平台，打造政产学研用新平台，建设高品质科创空间	以高端种业、功能性农产品、智能管理与绿色防控为重点，综合种养，推动农业由增产导向转向提质导向	建设农村社会化服务总部，推进服务功能园区化、产业发展链条化、规模经营集群化	建设粮油精深加工特色镇，提高粮油综合利用水平，实现就地加工增值，收储一批低质产品	建设农产品品牌培育中心，健全农产品产销稳定衔接机制

崇州都市农业产业功能区产业链全景图

农科旅：科技成果展览、智慧农场、科普研学

农文旅：体验式消费场景、乡村艺术文创、乡村创客孵化、休闲农业公园、高品质民宿、田园综合体

农商旅：乡村企业总部、网红直播基地、产业林盘/社区、农旅会议会展、农旅特色小镇

农体旅：乡村田园绿道、乡村运动基地、品牌体育赛事、休闲运动节会

农康旅：中草药康养、健康膳食、康护医疗、健康管理、康养度假酒店、田园康养社区

	农科旅	农文旅	农商旅	农体旅	农康旅
行业领军企业	中科三安、华大农业、京东农场、身临其境、Discovery探索基地、中粮集团、世纪明德	中旅集团、中青旅、复华旅文、祥生实业、棕榈股份、雪松文旅、岭南生态文旅、花样年文旅、田园东方	英国励展博览、佰翔酒店集团、复星集团、美国克劳斯、抖音/快手直播	中体产业集团、阿里体育、中体飞行、网易体育、多吉体育、探路者集团	瑞士柏菲乐医疗集团、法国欧葆庭、瑞士雷曼纳、中华护理学会、德美医疗、南方健康公司、美国优选医疗、美国凯撒医疗集团
成都企业	成都文旅、读行学堂、特驱农业、七彩光	成都文旅、域上和美、新希望、幸福时代、华川集团、文投走单骑	四川国际会展、天府国际会展、四川商会、四川发展	劲浪体育、咕咚科技、文轩体育、成都兴城集团、传媒集团	华西康复医学中心、八一康复医院、莱能家、爱晚护理
关键短板	科研与科普结合不够、缺少体验服务	文旅龙头项目处于起步期、市场品牌和客源资源影响力偏弱	企业集聚度不足、商业竞争力弱、新消费场景较少	区域品牌势能不足、体育运动配套资源稀缺	技术薄弱、医学护理专项人才及设备设施较少
突破方向	以川农大、凡朴、逸凡等载体为核心、发展科普研学旅游示范区	整合文商农旅体资源、依托"文旅+新兴经济"、形成成都西线的新型旅游消费中心和项目的目的地	迎合消费升级需求、打造全新体验式消费场景、以顾客体验为驱动、迅速吸引人气	依托"凡·跑"等体育活动、开发系列乡土赛事、引进成熟赛事	依托成都医疗、护理优势、引入跨境医疗护理机构、打造康养旅游目的地

崇州都市农业产业功能区产业生态发展路径图

（年份）　2018　2019　2020　2021　2022　2025　2035

生活生态 —— 乡村生活设计模型

- 围绕公园城市理念，构建职住平衡、绿色生态的乡村生活环境
- 完善公共生活配套，配套优质医疗、文化、体育、教育资源
- 加快田园综合体、乡村特色商业、产业集聚盘等新型乡村综合发展载体
- 加快建设人才公寓、住宅、社区等
- 构建集聚生产、生活、生态为一体的多层次、复合型的乡村产业功能区
- 建成集研发—生产—办公—居住—旅行—休闲娱乐一体化公园城市先行示范区

产业生态 —— 主导产业链

- 招大引强，以天府国际慢城、天府良仓等重大项目为抓手，引领农商文旅体产业融合发展
- 重点引进500强和独角兽企业，实现农商文旅体连片发展
- 加快"崇好好"等优质粮油品牌建设和品牌推广力度，制定品牌产品质量标准和产业管理系统
- 建设粮油精深加工特色小镇，优质粮油深加工，实现就地加工转化增值
- 提质增效，大力推广应用优质良种、功能性产品、全程机械化和绿色生态种植技术，提高农业生产效率和农产品品质
- 建设粮油精深加工与粮油食品精深加工，提高粮油综合利用水平，实现就地加工转化增值
- 建设辐射西南的优质粮油产业发展创新高地

政策生态 —— 市场化的投资平台 / 专业性的政策保障体系

- 引进、孵化一批新型农创企业，落地一批优质现代农业及农业+产业项目
- 创新涉农政策资金整合机制，推广农业项目PPP，政府购买社会化服务等模式
- 建立产业投资基金，引进金融资本，鼓励企业和社会资本参与
- 以专业化团队运作，市场化运行，满足生产和科研开发企业的融资需求
- 建立重点企业、项目融信对接清单
- 专业化团队运作，市场化运行，满足优质粮油研发、种植、加工及产业融合发展企业的融资需求
- 制定和完善农能区优质粮油产业及农业+产业共扶政策，强化政策配套
- 建设农业产业融合发展的交易与流转
- 积极探索农村产权制度创新、创新土地资源的整合供给与利用方式
- 建设农业产权交易中心，推动土地、房屋、设施等产业资源要素的交易与流转
- 出台人才安居居政策和人才引进政策，根据人才贡献，不断提升企业人才保障能力
- 建立不同层次不同形成人才分类服务机制和培育机制，为入住企业人才保障能力
- 与金融机构全面合作，不断创新涉农信贷、企业
- 与金融机构全面合作，不断创新涉农信贷、担保、保险、信用等金融业务
- 为入住企业提供综合金融服务

创新生态 —— 国家级功能中心和创新中心

- 引进中国农业科学院、中国农业大学等研发机构，企业，共建政产学研协同创新平台
- 建设服务全川的农村社会化服务总部
- 建设辐射西南的农业大数据中心，加快建立标准化、信息化、智慧化管理体系，构建一套农产品质量追溯和防伪系统
- 建设长江中上游优质粮油试验熟化基地与优质粮油"两化"科技服务总部
- 建设西南农产品交易结算中心
- 建设优质粮油MAP技术服务中心，提供"7+3"全产业链服务
- 建设农商文旅体产业融合发展平台，完善"农业+"创新生态孵化体系

崇州都市农业功能区重点招商企业名录表

成都市崇州都市农业功能区

研发

已签约落地：四川农业大学、四川省农业科学院、成都市农林科学院、成都农业科技职业学院、四川省水利科学院

重点引进：国家杂交水稻工程技术研究中心

持续跟进：中国农业大学、中国农业科学院、西南大学

精深加工

已签约落地：欧克农业、华地永盛、芯禾粮油、澳淼食品、唐桥食品、信诺食品、顺诺食品、杀之康、丰超亿食品、康乐汇食品、丰味居食品、艾诺米食品、好良心食品、何老名食品、三人行食品、一家香食品

重点引进：金健集团、益海嘉里集团、三全食品、川粮集团

持续跟进：五粮液集团、中国种子集团、重庆粮食集团

社会化服务

农业金融
重点引进：惠农资本
持续跟进：天赋资本、中关村e谷

仓储物流
持续跟进：中国物资储运集团

渠道营销
已签约落地：大昌农业、万达集团
重点引进：美国西斯科公司、京东集团
持续跟进：阿里巴巴、永辉超市

绿色种植

农业种植
已签约落地：籍源农业、西蜀巧妹、大晟农业、鸣腾现代农业、录超农业、恒益农业、中化集团

科技服务
重点引进：极飞科技
持续跟进：大疆创新、农博创新、托普云物联网

优质种业
已签约落地：广西绿海种业
重点引进：湖北神子集团、中国种子集团

品牌运营

设计院
重点引进：AECOM
持续跟进：艾肯弘扬

运营企业
重点引进：乡伴文旅、逯家、奥伦达部落、柏菲乐医疗、迷笛音乐、世信&朗普、DISCOVERY探索基地
持续跟进：中电数据、北京集团、雷曼纳健康医疗、大合音乐、成都双遗体育、国际休闲合作组织

农商文旅体融合发展

已签约落地：四川发展、华川集团
重点引进：中粮集团、绿地控股、泰康保险、联合健康集团、华侨城集团

持续跟进：祥生实业、华大基因、亿利资源

农业综合开发

已签约落地：华地永盛、三益农业、天地蓝途
重点引进：湖南粮食集团、苏粮集团、九三集团、北大荒集团
持续跟进：首农集团

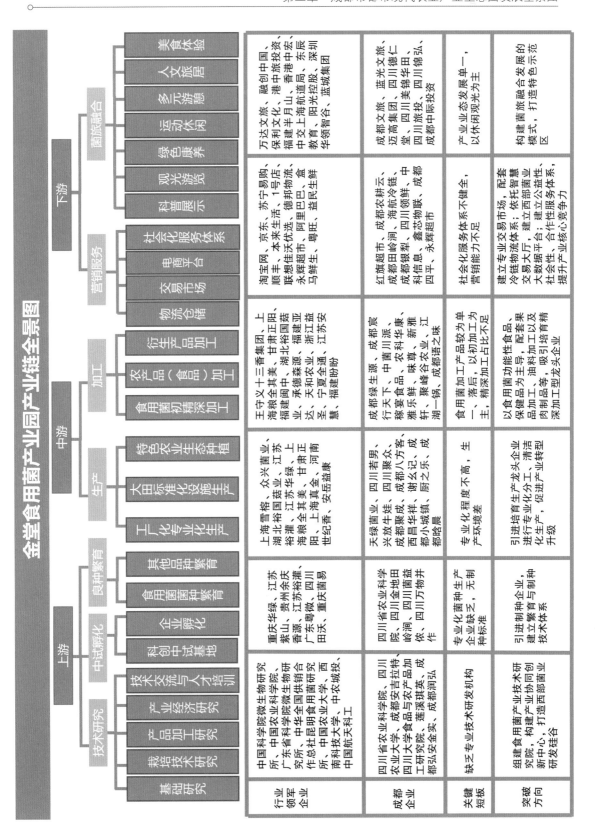

金堂食用菌产业园产业链全景图

金堂食用菌产业园产业生态发展路径图

时间轴（年份）：2019　2020　2021　2022　2023　2025　2035（年份）

顶部阶段目标：**构建新型菌乡生活场景** ｜ **主导产业链** ｜ **市场化的投资平台** ｜ **专业性的政策保障体系** ｜ **国家级功能中心和创新中心**

生活生态

- 提档升级公服配套设施，实现城乡公服均等化
- 建设以"农业+""食用菌+"为主题的新型生态社区
- 构建满足不同行业人才层次的生活场景，消费场景，提高复合率和居民宜业水平，实现85%生活需求在功能区
- 形成"一城三镇九村"的高品质生活圈
- 全面构建"人—城—产"高质量域经济布局
- 结合丘区风貌及菌文化，构建农文旅融合发展的乡村旅游
- 加快建设人才公寓、住宅、社区等
- 构建制造—研发—旅行—休闲娱乐一体化的新型智慧城市
- 塑造"健康、绿色、童话"的菌主题整体风貌，构建生产、生活、生态为一体的多层次、多功能、复合型的城市产业功能区
- 产业园总体规划及核心区起步规划
- 全面推行专业化分工，清洁化生产，建立工厂栽培区
- 菌包集中制作中心、基料发酵中心等高端生产体系

产业生态

- 以食用菌产业为主导，以菌元素为纽带，以园区为核心，联动金堂产业生态大循环，打造中国食用菌产业强县
- 布局农、文、商、旅、体一化格局，引导产业集群发展
- 立足产业园现有特色产业基础，构建"食用菌+"全域融合发展产业体系
- 组群式构建园区生态循环
- 实现产业配套85%本地解决，加快健全食用菌工业化生产配套产业链条
- 招引具有科研和技术服务能力的食品企业，设立食用菌市场和电商交易平台
- 将田园综洞打造具有全国影响力的区域农业品牌，持续举办食用菌博会
- 开展以食用菌为原料的初精深加工和金堂特色农产品深加工，打造全省一流农产品精深加工园区
- 打造西部大数据交易中心金额行业信用平台，全面提供食用菌大数据分析
- 建立中国食用菌交易集散中心，设立食用菌市场向电商交易平台

政策生态

- 创建食用菌产业发展风险基金，建立投融资金综合金融服务
- 推动功能区全面将规模种植纳入农业政策保险，降低农业生产风险
- 新应用国家各项农业直补政策，鼓励金融机构对入驻企业提供政策性保险
- 引导社会工商资本投资农业，引导"菌乡贷"特色金融产品
- 加大食用菌产品出口退税及政策补贴，用菌出口贸易提供惜授保
- 为入驻企业提供综合金融服务
- 建设产业准入和负面清单机制，优化产业营商环境
- 设立专项财政资金，支持食用菌研究院、工厂化生产、产业化基地建设和关键技术研发支持等
- 建立企业服务专班
- 针对成长型企业提供企业采购政策，针对成熟企业提供信贷支持
- 建立工业项目"零审批"改革试点
- 出台人才安居政策和人才引进政策，根据人才分类培育机制，不断提升企业人才保障能力
- 针对不同层次成人才分类推介信用背书政策

创新生态

- 高起点编制功能区及高品质科创空间规划
- 依托相关科研院所、高等院校建立一批从事中试试验、成果集成
- 组建食用菌产业技术研究院，提供协同创新、研发孵化、人才培训、成果转化服务
- 与国内外科研院所、高校、龙头企业、省级食用菌科技支撑体系，打造西部菌业科技硅谷
- 争创国家食用菌产业研发创新中心
- 争创国家级食用菌研发创新中心，打造中国菌业中心
- 构建产学研一体化协作，省、市、县四级联动国家、合作。建立国家、
- 以引领性基础研究创新，颠覆性先进技术创新，战略性重大成果创新为核心。建立功能区产业链重上下游各类主体所共享的产业协同创新平台

金堂食用菌产业园重点招商企业名录表

营销服务

推广
新湖传媒
成都传媒
环球会展

销售
红旗超市
永辉超市
盒马鲜生
益民生鲜
京东生鲜

冷链物流
京东集团
中铁物流
海航冷链
成都银犁
德邦物流
安恒物流

智慧物联
托普云物联
阿里巴巴
成都四平
武汉禾大

金融保险
国开行四川分行
四川金控征信
金堂县汇森农业保险
安华农业发展（控股）
阳光农业相互保险

产业融合

综合开发
富士康永龄冻场
迈高集团
香港中宏集团
万达文旅
深圳市华领智合
蓝城集团
西昌学院

电商会展
食用菌博览会
四川省农博会
成都农耕云
成都田岭涧

医养健康
君安康药业
四川省中药材联盟
强生中国
康婷生物
北京同仁堂
江苏安婴

文创旅游
乡村振兴学院
四川德仁堂
开元旅游
四川美锦华田
四川旅投商贸
四川锦弘集团

生产加工

生产
天绿菌业
睿兴菌业
三邦菌业
金地田岭涧
江苏裕灌

雅乐鲜
新雅轩
稼宴

福建万辰
湖北裕国菇业
众兴菌业
成都汇菇源

甘肃正阳
江湖一锅
四川厨之乐
成都晗晨
宁夏全通枸杞

四川佳美五丰
成都康艺烘焙
四川亿友
四川川野
成都金大洲

上海真金
福建盼盼
成都八方客
安岳益康
成都聚成
兴放牛娃

加工
聚峰谷农业
福建亚达
西峡康润
三友食品
中粮控股

四川若男
中菌川派
农科华康
味友

科研创新
中国科学院微生物研究所
中国农业大学
四川农业科学院
四川农业大学
中华供销合作总社
昆明食用菌研究所
广东省科学院微生物研究所

上海市农业科学院
四川大学食品研究院
品加工研究院
成都弘安金实
成都润弘
西南科技大学

黑色：已入驻企业　红色：重点引进与合作　蓝色：重点跟踪持续关注

蒲江现代农业产业园产业发展全景图

	科技研发			技术服务			绿色生产		
	农业高校	科研院所	创新平台	技术推广	生资供应	检验检测	主导品种	主导技术	现代装备
行业领军先进水平	新西兰植物与食品研究院，新西兰奇异果国际集团研究院，美国加利福尼亚大学柑橘研究中心和柑橘试验站，意大利博洛尼亚大学农业学院，日本农业与食品产业技术综合研究机构果树茶业研究所，中国农业科学院郑州果树研究所，中国农业科学院柑橘研究所，浙江省农业科学院，江西省农业科学院柑橘研究所，华中农业大学，广西柑橘研究所，国家柑橘工程技术研究中心，四川省农业科学院园艺研究所，四川柑橘工程技术研究中心	日本农业部，日本科学技术协会，中化化肥，湖北宜化，云天化，先正达，陶氏，拜耳，巴斯夫，孟山都，山都	新西兰猕猴桃产业技术创新战略联盟，日本农业大学农学实验总站，智利大学农业植物园总站，日本农业大学武汉植物园，中国农业科学院郑州果树研究所质检中心，中国农业科学院柑橘研究所，华中农业大学，江西省农业科学院柑橘研究所，广西柑橘研究所，国家柑橘工程技术研究中心，四川省柑橘工程技术研究中心，国家柑橘工程技术研究中心	美国农业部，日本科学技术协会，中国猕猴桃产业技术创新战略联盟，日本果树茶业产业技术体系，中国农业科学院郑州果树研究所优质农产品服务中心，中国农业科学院柑橘研究所，华中农业大学，浙江省农业科学院，江西省农业科学院柑橘研究所，广西柑橘研究所，四川省农业科学院柑橘研究所，四川省柑橘产业工程技术研究中心，国家柑橘技术推广中心	日本全农绿色资源株式会社，中化化肥，湖北宜化，云天化，先正达，陶氏，西化工，巴斯夫，拜耳，西耳，益农，孟山都，杜邦，山都	农业农村部农产品质量监督检验测试中心，农业农村部果品及苗木质量监督检验测试中心，普洱工，（四川）口岸海关，农产品检验检测中心	猕猴桃：海沃德，Gold3，Green9，金桃，徐香，翠香，红阳，爱媛38号，春草；杂柑：红美人，阳香，清见，香草，贡柑，不知火，沃柑，濑户见	猕猴桃：合理选址，土壤（有机质达10%），配方施肥，零打坐果，修枝；防风林系统，果品全程利用种植和标准检测和标准，PSA防控；杂柑：沃土管理，现代设施栽培和省力化，合理密植和生草栽培，统一标准，机栽培	意大利必圣士农机，日本筑水农机，雷沃重工，吉峰农机，安徽山东农业集团万力机械，北京奥科美，老刀网络，上海华维节水灌溉
本地机构现状水平	国际合作与交流不足，科技研发投入不足，科技研发整体水平偏低；两个工程中心刚建成运行，技术研发相对滞后，对本地猕猴桃和晚熟柑橘科技支撑不够	晚熟柑橘工程技术研究中心，成都猕猴桃工程学院，四川农业科学院，伊顿农业，陶然农业，水口红农业，佳沃农业（成都），海升农业		四川农业大学，四川省农业科学院，四川省园艺作物技术推广总站，成都市农业技术推广总站，成都市农林科学院，成都职业技术学院，海升集团，新朝阳，蒲江社会化培训机构	中农资，新朝阳，嘉博文，兴达农业，金丰果业，智雨农业，百绿天成，润禾农资，俊发农资，无果农业，绿果林，国光农资，鹤润农资	四川省农业科学院分析测试中心，四川省农业农村厅，成都市农产品质量安全中心，农产品质量检测站，蒲江工具农产品质量监站，乡镇猕猴桃、柑橘综合服务站，阳光物联佳沃（成都）农产品质量检测机构	猕猴桃：红阳，东红，红美，金艳，翠玉，伊顿1号；杂柑：春见，不知火，清见，爱媛38，沃柑	猕猴桃：配方施肥，合标准化，绿色有机栽培种养结合一体化；杂柑：配方施肥，留树保鲜，果实套袋，绿色生产	智雨农机，浦江佳峰农业机，川力集团农业，成飞农业，山东玉柴农机，携恩科技，鑫恋物联
关键短板	高端人才引进不足，职业农民的培训专业化不够用不足；两个工程中心缺乏先进，科技支撑手段			职业农民培养制度尚未建立；针对产业的培训专业化不够，系统化、制度化不足，测土配方专用肥应用，无预判的检验检测手段			针对特殊市场，推广育种有待加强，特殊用途专用品种引进筛选和抗风险能力弱，现代农业装备能力弱		
突破方向	加强与新西兰、美国、日本等国内外先进研究机构开展深入交流与合作；进一步引进和培养猕猴桃和晚熟柑橘的两个工程中心创建省级、国家级农业工程中心，争创省级产业研发中心，力求解决产业发展中共行关键技术和前沿技术			构建现代农业科技支撑体系，加强高层专业技术人员和职业经理人的引进和培养，开展职业农民和基层农技人员培训；推广应用绿色（有机）农产品标准化生产技术，按照绿色（有机）农业投入品目录，加强农业投入品的规范管理；建立先进、便捷、无损的检验检测技术和设备，建立严格的田间档案登记制度			按照"布局区域化，经营规模化，发展产业化"的原则，引进筛选适合特殊市场，生产方式、土壤有机质富集缩短，农业生产抗风险；特殊用途专用品种选定以及生产，确定以产量定养，强化现代农业装备应用，全面推行绿色（有机）生产点分布，大力提升有机基地，生产集规模化，大幅提升蒲江猕猴桃和杂柑的品质		

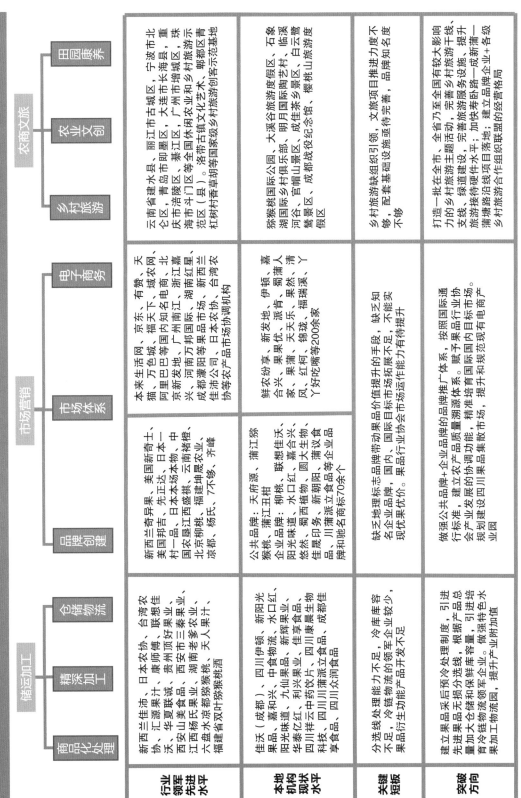

蒲江现代农业产业园产业生态发展路径图

年份：2018　2020　2022　2025（年份）

生产维
- 果园土壤有机质提升
- 柑橘、猕猴桃优良品种和引进试验，绿色（有机）生产，种养循环
- 全程质量监管（投入品、田间档案、品质检测）
- 设施化栽培、果园病虫害综合防控体系专用耕作、采收机械应用
- 农业四情监测与物联网系统建设
- 采后预冷、分选线、冷藏库等商品化处理
- 果脯、果酱、果酒、医药制剂等精深加工

公共维
- 电商平台、农产品质量追溯体系建设
- 临溪河文旅项目集中发展带
- 农商文旅融合发展环线农庄集群建设
- 铁牛马福果韵香鱼乡休闲农业区
- 长秋山生态旅游区

科技维
- 加大产业融合发展扶持力度
- 深入推进农业供给侧结构性改革、深化农村产权制度改革
- 完善城乡一体的社会保障体系

人才维
- 通过"两个中心"，与国内外一流科研机构、研究团队建立联合研发机构
- 将猕猴桃工程中心和晚熟柑橘工程中心建成具有国际先进水平的自主创新机构
- 研制成果针对柑橘疫病和猕猴桃PSA的动态监测和高效生物防治技术

服务维
- 实施"乡村人才培育工程"
- 培育新型经营主体、促进农业农村现代化和农业职业化发展
- 实施"天府源+蒲江丑柑"（猕猴桃）+企业品牌"，加强品牌营销
- 通过"协会+公司+专业合作社+基地"等模式，推进全链条农业生产服务体系发展
- 建立政府购买公益性服务的重点领域、环节、支持方式、绩效监督评价机制
- 形成专项服务和综合服务相协调的新型农业社会化服务机制

基础维
- 按照"特色镇+产业园+新型社区+林盘"模式，打造生态宜居的生活空间
- 加强产业道路、节水灌溉、田园生态、现代农业设施建设等基础设施建设，提高全产业发展承载能力
- 以天府绿道串联农商文旅体农庄集群

蒲江现代农业产业园重点招商企业名录表

技物服务

技术推广
成都农业职业技术学院、成都市农林科学院、国家柑橘产业技术联盟、中国猕猴桃产业技术创新战略联盟、华为技术有限公司、国际柑橘协会
生资供应
史丹利、上海农乐、云天化、益民集团、中化化肥、湖北宜化、嘉博文、先正达、德国拜耳、日本全农绿色资源株式会社、日本农业协同工会
检测检验
佳沃（成都）品质检测机构、华测检测、成都市农产品检验中心、农业农村部农产品质量监督检验中心、阳光味道检测机构

储藏、加工、物流

仓储物流
鲜农分享、北京亚冷、联诚果业、顺丰物流、中通快递、京东物流、宝能物流集团、成都蓉欧集团、四川蜀涛供应链公司、新西兰佳沛奇异果有限公司、美汁源

精深加工
联想佳沃、美汁源、蜡笔小新、北京原乡、汇源果汁、深圳百果园、景田（深圳）食品、饮料集团、禾茂集团、华夏联诚、纽催莱

商品化处理及电商
北京原乡、新绿之源、益民集团、至诚农业、四川省供销合作社、阿里巴巴集团、京东集团、遥望网络科技有限公司、鲸灵网络科技有限公司、北京正果农业、四川农产品经营集团有限公司

科技研发

中国农业大学
四川农业大学
西南大学
上海交通大学
四川省自然资源研究所
武汉植物研究所
中国农业科学院柑桔研究所
中国农业科学院果树研究所

农旅互动

华夏幸福田园综合体
景田百岁山千亩有机柑橘公园
绿世界
香格里拉
桃源
北京原乡

绿色生产

意大利金色猕猴桃集团
生产伊顿农业科技开发有限公司
新西兰佳沛奇异果有限公司
正里集团
阿里巴巴集团
上海农乐
四川省卫农现代农业科技有限公司

第四章　成都市都市现代农业产业生态圈政策保障

第一节　市级配套政策

成都市围绕构建都市现代农业产业生态圈，从规划建设、产业发展、创新创业、人才引育、土地保障、资金保障、科技支撑等方面制定系列支持政策，逐步完善政策体系，推动人才、技术、资金等要素高效配置和聚集协作，推进全产业链发展，全面构建农商文旅体融合发展、城乡融合发展的产业生态圈。目前，已发布的市级相关配套政策摘要如下。

一、规划建设政策

规划建设政策及摘要见表4-1。

表4-1　规划建设政策及摘要

政策名称	政策摘要
《成都市乡村振兴战略规划（2018—2022年）》	1.打造"核心引领、多点联动"城乡融合发展单元。 2.构建"以点串线、以线带面"乡村振兴示范走廊。
《2020年产业生态圈和产业功能区建设工作计划》	1.聚焦建设一平方千米产业功能区核心起步区。 2.在产业功能区核心起步区打造集研发设计、创新转化、场景营造、社区服务等为一体的生产生活服务高品质科创空间。

二、产业发展扶持政策

产业发展扶持政策及摘要见表4-2。

表4-2　产业发展扶持政策及摘要

政策名称	政策摘要
《成都市实施乡村振兴战略若干政策措施（试行）》《成都市实施乡村振兴战略推进城乡融合发展"十大重点工程"和"五项重点改革"总体方案》（成委厅〔2017〕179号）	1.支持现代农业"两区"建设。划定粮食生产功能区和重要农产品保护区。支持"两区"范围内的粮食规模化经营，对规模经营业主流转土地集中连片种植水稻、小麦面积在50亩及以上并形成品牌和旅游景观的，给予每亩200元奖励。支持水源保护区稻田湿地建设，对水源保护区内流转土地集中连片种植水稻30亩及以上的给予每亩200元奖励。支持稻渔综合种养，对连片实施稻渔综合种养100亩及以上的，给予每亩200元补助，并从第二年开始连续3年给予每亩100元基础设施维护费补助。 2.支持发展绿色种养。实施化肥、农药减量和有机肥、生物农药替代行动，采用PPP模式推动土壤有机质提升和农业废弃物资源化利用，对种养结合循环农业示范项目、绿色防控示范项目给予融资担保、贴息支持。支持秸秆综合利用，对年度在市域内规模化利用农作物秸秆（含果树枝条）达到1 000吨及以上的经营主体，给予每吨100元的补贴。 3.支持发展农产品深加工。鼓励社会资本投资发展农产品深加工，对新投资达到5 000万元以上（不含土地费用）的农产品深加工及其配套产业链项目给予股权投资和融资担保、贴息支持。鼓励农产品加工企业取得认证，对新获得相关国际认证、国家统一认证的企业，单项认证给予最高30万元奖励，单户企业年度内奖励最高50万元。 4.支持发展农业领军企业。扶持发展总部型龙头企业，对在成都注册年销售收入（交易额）首次突破50亿元、100亿元的总部型农业龙头企业，分别给予100万元、200万元一次性奖励。支持农业龙头企业上市，对首次成功在境内外主板、境内中小板、创业板上市且募集资金主要用于成都市的企业，给予最高500万元的支持。对进入全国中小企业股份转让系统（新三板）的挂牌企业给予最高50万元的支持。 5.支持农业品牌发展。鼓励新型经营主体创品牌，对新获得"中国质量奖""中国驰名商标""四川名牌""四川省著名商标"的，分别给予100万元、30万元、20万元、10万元一次性补贴；支持农产品"三品一标"认证，对获得无公害农产品认证并使用标识的每3年给予奖励3万元，对获得绿色食品认证的每3年给予奖励5万元，对获得有机食品认证面积达到500亩及以上的给予一次性奖励10万元，对获得地理标志保护产品的给予一次性奖励20万元。对赴国内境外设立产品专卖店、专营店符合标准要求的，给予开店费用30%、最高不超过50万元的一次性补助。对获得"中国驰名商标"和地理标志保护产品认证的主体在中央级主流媒体和收费新媒体上投放广告给予广告投入费30%～50%、最高不超过100万元的一次性补助。

政策名称	政策摘要
《成都市实施乡村振兴战略若干政策措施（试行）》《成都市实施乡村振兴战略推进城乡融合发展"十大重点工程"和"五项重点改革"总体方案》（成委厅〔2017〕179号）	6.支持农产品流通体系建设。对新建改造标准化菜市场、冷链基础设施等公益性流通基础设施建设项目的企业，给予政策支持。对在成都注册并正常经营3年以上的大型商业零售企业，每个申报政策年度内购进鲜活农产品（蔬菜、水果、猪肉、水产品、禽蛋）达3 000万元以上，择优给予奖励支持。对利用植物种苗、食用冰鲜、水生动物、水果、肉类等航空进境指定口岸政策功能直接进口货物的相关货代企业或贸易企业给予1元/千克的奖励。对在成都注册纳税且利用航空进境指定口岸政策功能的外贸企业，给予每1美元货值0.02元的综合物流费用奖励。 7.支持农业对外开放。鼓励在蓉总部企业"走出去"，通过建设大平台，外联基地和拓展服务，辐射带动西部地区和"一带一路"沿线国家。对在蓉总部企业赴国内境外建农业基地、农业园区的，给予一定补助或提供融资担保、贴息支持；经批准赴国外参加农业新品种、新技术和品牌展览及进行农产品市场拓展的，按照参展企业展位费的90%给予支持，展品运输费、通关及检疫费用给予全额支持，给予每家企业不超过4个标准展位支持；对每家企业参展人员，按照展位数给予1个标准展位2人的人员补贴，每增加1个标准展位增加1个补贴名额，每家企业最多给予4人的人员补贴；每个企业年度支持金额不超过50万元。对获得认证的农产品出口备案基地给予一定补助。用好"蓉欧+"战略机遇，加快国际大宗农产品现货双向交易平台、粮食肉类等重要农产品进境指定口岸建设，为涉农企业产品出口提供便捷化服务。

三、创新创业政策

创新创业政策及摘要见表4-3。

表4-3　创新创业政策及摘要

政策名称	政策摘要
《关于加快推进农业农村创新创业的实施意见》的通知（成农联发〔2018〕18号）	1.全面实施"先照后证"改革，严格执行前置审批事项指导目录，对法律法规规定不需要办理行政许可的一般经营项目，企业可向工商部门直接申请登记经营。除法律、行政法规另有规定外，取消有限责任公司最低注册资本3万元、一人有限责任公司最低注册资本10万元、股份有限公司最低注册资本500万元的限制。 2.支持乡村创新创业孵化载体的建设，对新建的乡村创新创业孵化载体给予其运营机构最高100万元的经费资助，每年对已建载体进行综合评价，给予其运营机构20万～100万元的运营资助。支持建立创新创业联盟和创新创业服务平台，根据活动开展情况和服务绩效给予一定运行经费补贴。由区（市、县）财政对当地乡村创新创业孵化平台在房屋租赁装修、创新创业活动开展以及宽带接入、公共软件开发、设备购置等方面给予适当补贴。

四、人才引育政策

人才引育政策及摘要见表4-4。

表4-4　人才引育政策及摘要

政策名称	政策摘要
《关于创新要素供给培育产业生态提升国家中心城市产业能级若干政策措施的意见》（成委发〔2017〕23号）	对国际顶尖人才（团队）来蓉开展农业创新创业，"两院"院士、国家或省级"千人计划"专家、"蓉漂计划"专家在蓉建农业研究基地、工作室，青年大学生来蓉开展农业创新创业，农业企业引进培育高技能人才，校地校企合作培养农业产业发展人才，按照： 1.对国际顶尖人才（团队）来蓉创新创业给予最高1亿元综合资助；对"两院"院士、国家"千人计划""万人计划"专家等来蓉创新创业或作出重大贡献的本土创新型企业家、科技人才，给予最高300万元的资金资助。对市域实体经济和新经济领域年收入50万元以上的人才，按其贡献给予不超过其年度个人收入5%的奖励；对全市重点产业、战略性新兴产业企业新引进的急需紧缺专业技术人才和高技能人才，3年内给予每人最高3 000元/月的安家补贴。 2.具有普通全日制大学本科及以上学历的青年人才，凭毕业证来蓉即可申请办理落户手续。对毕业5年内在蓉创业的大学生，给予最高50万元、最长3年贷款期限和全额贴息支持。在华高校外国留学生来蓉创新创业，可申请最长5年私人事务类居留许可。为境外高校外籍毕业生来蓉实习提供实习签证。每年4月最后一周的星期六设为"蓉漂人才日"。开展"感知成都行"活动，每年暑期邀请国内外知名高校学生来蓉考察实践。 3.支持在蓉高校和职业技术（技工）院校根据成都产业发展需要调整学科（专业）设置，给予最高2 000万元补贴。鼓励在蓉企业与高校、职业技术（技工）院校合作开展人才培养，给予最高500万元补贴；合作建设学生实训（实习）基地，给予最高100万元补贴。对企业提升职工技能和专业技术水平给予每人最高6 000元职业培训补贴奖励。支持企业建立首席技师制度并对设立首席技师工作室的给予最高10万元补贴。 4.对各类急需紧缺人才发放"蓉城人才绿卡"。实行"人才绿卡"积分制，根据积分对持卡人分层分类提供住房、落户、配偶就业、子女入园入学、医疗、出入境和停居留便利、创业扶持等服务保障。建立人才服务专员制度，对重点人才（团队）项目，提供"一对一"人才专员服务。 5.对急需紧缺人才提供人才公寓租赁服务，租住政府提供的人才公寓满5年按其贡献以不高于入住时市场价格购买该公寓。在产业新城建设配套租赁住房，由各区（市、县）政府根据企业和项目情况，按市场租金的一定比例提供给产业高技能人才租住。鼓励用人单位按城市规划与土地出让管理有关规定自建人才公寓，提供本单位基础人才租住。外地本科及以上学历的应届毕业生来蓉应聘，可提供青年人才驿站，7天内免费入住。 6.设立1.6亿元专项资金，支持职业技术（技工）院校、高技能人才培训基地、技能大师工作室面向社会开放培训资源，向有就业创业愿望的市民提供免费培训，并对新取得职业资格证书的，全额报销考试费用。

（续表）

政策名称	政策摘要
《成都市新型职业农民制度试点实施方案》的通知（成办函〔2018〕145号）	1.免费培训。对遴选出的农业职业经理人和乡村融合型人才培训对象，开展市级集中培训和区（市、县）分散培训，培训内容分专业课、公共课和实训课。从业型新型职业农民由区（市、县）开展培训。 2.产业扶持。由农业职业经理人领办、新办的农民合作社和家庭农场，可优先推荐申报评定市级以上示范农民合作社和家庭农场；农业职业经理人符合相关产业扶持政策条件的，优先享受相关扶持政策。 3.科技扶持。农业职业经理人领办、新办、经营的农民合作社或企业进行农业科技成果的研发、推广、应用和转化的，符合条件的优先给予立项支持。 4.社保补贴政策。鼓励符合企业职工基本养老保险条件的农业职业经理人以个体身份参加企业职工基本养老保险，以上一年度全省在岗职工月平均工资的60%为缴费基数，缴费费率为20%，农业职业经理人个人缴费8%，财政补贴12%，若缴费地在成都高新区、成都天府新区、龙泉驿区、青白江区、新都区、温江区、双流区、郫都区，其财政补贴由县级财政承担；若缴费地在简阳市、都江堰市、彭州市、邛崃市、崇州市、金堂县、大邑县、蒲江县、新津县，其财政补贴由市、县两级财政承担，其中市级财政承担60%，县级财政承担40%。养老保险补贴实行"先缴后补"方式给予补贴，每个农业职业经理人享受补贴年限不超过5年。村社干部身份的农业职业经理人，不得重复享受社保补贴。 5.创业补贴。毕业5年内的高校毕业生取得农业职业经理人证书，首次领办和新办农民合作社、农业企业、家庭农场6个月以上，给予1万元的一次性奖励。

五、土地保障政策

土地保障政策及摘要见表4-5。

表4-5　土地保障政策及摘要

政策名称	政策摘要
《创新要素供给培育产业生态提升国家中心城市产业能级土地政策的实施细则》（成国土资规〔2017〕1号）	1.积极支持农村"三产"融合发展，规划新增农业设施用地8.8万亩，加快发展现代农业，打造现代农业成都品牌。 2.每年单列不低于8%的土地利用年度计划支持农村新产业新业态发展，鼓励增减挂钩项目节余建设用地指标就地用于农村产业发展，优先用于乡村旅游、农产品研发展示营销、养老等产业。
《推进农村一二三产业融合发展实行用地价格补助的意见》（成办函〔2016〕108号）	1.种养业用地补助标准。项目在合法取得国有或集体建设用地使用权并投入使用后，市和区（市、县）财政按照项目所用土地的购置价格（不超过46万元/亩）与项目所在区（市、县）工业用地基准价格的差额部分予以全额补助。 2.农产品加工业用地补助标准。项目在合法取得用地使用权并投产后，市和区（市、县）财政按照所用土地的购置价格（不超过40万元/亩）与项目所在区（市、县）工业用地基准价格的差额部分予以全额补助。

（续表）

政策名称	政策摘要
《推进农村一二三产业融合发展实行用地价格补助的意见》（成办函〔2016〕108号）	3.农业服务业用地补助标准。项目在合法取得用地使用权并投入使用后，市和区（市、县）财政按照所用土地的购置价格（不超过34万元/亩）与项目所在区（市、县）工业用地基准价格的差额部分予以全额补助。单个项目补助规模原则上不超过50亩。

六、资金保障政策

资金保障政策及摘要见表4-6。

表4-6　资金保障政策及摘要

政策名称	政策摘要
《探索建立涉农资金统筹整合长效机制总体实施方案》（成府发〔2019〕14号）	1.任务清单与资金分配协调推进。合理划分任务清单，提前谋划、科学设置保障乡村振兴落实的各项任务清单，并与资金分配统筹考虑，协调推进。市级涉农资金在建立"大专项"的基础上，实行"大专项+任务清单"管理模式，任务清单按照专项转移支付、基建投资两大类，由市级行业主管部门分别会同市财政局、市发改委根据各涉农专项资金应当保障的年度重点工作设立，任务清单区分约束性任务和指导性任务，实施差别化管理。 2.以规划引领行业间资金整合。市级行业主管部门要以"战略规划+空间发展规划+示范走廊规划"的乡村振兴规划体系为引领，统筹使用和集中投入涉农资金，突出重点、突出关键，确保建设重点逐一落地、落实到镇村建设上，探索形成具有成都特色的城乡融合发展之路。以乡村振兴顶层设计为导向，充分把握农业本底、突出区域特色，以全产业生态链为主线，加强生态提升和植被恢复，注重农商文旅体功能植入，优化项目布局，深入推进现代农业产业功能区（园区）建设、乡村振兴示范走廊建设、特色镇（街区）建设和川西林盘保护修复、农村人居环境整治和高标准农田建设。
《加快完善成都市产业功能区投融资服务体系若干政策措施》（成办函〔2019〕63号）	1.支持产业功能区企业对照上市标准建立现代企业制度，做强主营业务，对完成股份制改造的企业给予20万元奖励。鼓励产业功能区企业开展境内外上市工作，对在天府（四川）联合股权交易中心挂牌的企业，给予每户1万元奖励，对在"新三板"市场挂牌的企业最高给予50万元奖励，对新在境内外资本市场首发上市融资的企业给予最高500万元补助。对开展并购交易的上市公司，按实际交易额的5‰给予最高不超过50万元奖励。鼓励产业功能区企业提高市场竞争力和信用评级水平，利用好国内交易所市场、银行间市场以及国际资金市场，积极发行债券融资工具，进一步扩大全市优质主体债券规模。对产业功能区非上市企业发行公司债、企业债、可转债、中期票据、短期融资券等进行直接融资且单笔融资额3 000万元及以上的，每笔补助融资企业10万元，单户企业不超过100万元。

（续表）

政策名称	政策摘要
《加快完善成都市产业功能区投融资服务体系若干政策措施》（成办函〔2019〕63号）	2.完善资本金注入和风险补偿机制，通过资产注入、预算安排、资源盘活等多种方式，不断增强政府性融资担保机构资本实力和抗风险能力。对实缴资本超过10亿元的新设地方融资担保公司，一次性给予200万元奖励。引导融资担保公司加大对产业功能区企业的支持力度，适当降低反担保准入门槛，制定灵活的反担保措施，允许更多的动产、不动产和无形资产作为反担保措施，对融资担保公司形成的成都市中小企业贷款担保代偿，按实际代偿的15%给予最高不超过300万元补贴。推动设立市级再担保公司，建立健全政府为主导的融资担保体系，为产业功能区企业信贷增信、分担风险，缓解融资难问题。降低对政府性融资担保公司和再担保公司的盈利考核，适当提升风险容忍度。 3.加大科技金融资助力度，采用后补助方式，通过天使投资补助、债权融资补助、全国中小企业股份转让系统挂牌补贴、科技与专利保险补贴等方式给予产业功能区科技企业最高30万、85万、50万、20万元融资补贴。发挥成都市工业类发展专项资金作用，对符合条件的中小微企业实际支付的利息，按不高于人民银行当期基准利率计算利息金额50%的比例给予最高单户80万元贴息补助。鼓励正常的融资担保机构开展小微企业融资担保业务时进一步降低担保费率，按年化担保费率、新增小微企业担保额等指标以绩效奖励方式给予补助。

七、科技支撑政策

科技支撑政策及摘要见表4-7。

表4-7　科技支撑政策及摘要

政策名称	政策摘要
《成都市实施乡村振兴战略若干政策措施（试行）》《成都市实施乡村振兴战略推进城乡融合发展"十大重点工程"和"五项重点改革"总体方案》（成委厅〔2017〕179号）	1.支持农业科技创新研发。支持创建国家农业高新技术产业开发区和国家农业产业科技创新中心建设，按年度建设进度优先给予资金保障。对经批准认定的新品种新技术研发创新项目，采取股权投资或融资担保、贴息等方式给予支持，对农业关键共性技术成果应用示范项目采取政府购买服务的方式给予支持。引导企业加大研发投入，按产业领域和企业规模分级分类对企业开展研发给予股权投资或融资担保、贴息支持，重点支持农业领域高新技术企业和技术先进型服务企业。鼓励农业龙头企业牵头承担国家级重大科技项目，按照国家实际到位经费10%给予最高100万元资金配套。 2.支持产学研用协同创新。支持行业协会或领军企业与科研院所联合组建农业产学研用协同创新专家团队，对批准建立的团队给予创新项目优先立项支持。鼓励高校院所与农业龙头企业合作建立农业产业技术研发平台，联合开展关键核心技术研发攻关和科技成果工程化研究开发，对农业研发平台以"后补助"方式给予资金支持。

（续表）

政策名称	政策摘要
《成都市实施乡村振兴战略若干政策措施（试行）》《成都市实施乡村振兴战略推进城乡融合发展"十大重点工程"和"五项重点改革"总体方案》（成委厅〔2017〕179号）	3.支持农业科技成果转化。鼓励农业企业吸纳并转化高校院所科技成果，按照技术合同成交总额的3%、3%和2%，分别给予高校研发团队（个人）每个项目最高100万元补贴、给予企业单个技术合同最高50万元补贴（每个企业单一年度补贴总额不超过200万元）、给予技术交易服务机构单个技术合同最高20万元补贴。 4.鼓励引进国际国内先进的农业新品种、新技术、新材料、新装备，对经批准引进的项目按照引进费用的20%～40%给予最高300万元补贴。对采用智能化、信息化技术建设现代农业科技园、创业园、产业园"三园一体"的投资主体，采取股权投资或担保、贴息方式给予支持，积极支持企业或社会机构建设农业大数据服务平台。

第二节　区（市、县）级配套政策

区（市、县）根据县域产业、生态、文化等优势，以农业产业功能区及园区为依托，围绕主导产业，针对性制定产业扶持政策，配套人才、土地、科技等要素保障政策，着力提高产业发展质量、营造乡村消费场景、发展农商文旅体新产业，探索构建区域都市现代农业产业生态圈。按区（市、县）分类相关政策摘要见表4-8，按要素保障分类相关政策摘要见表4-9。

表4-8　部分区（市、县）主要支持政策

	主要支持政策	政策摘要
新津县	1.新津县支持文体旅产业发展政策 2.新津县引进培育"津英人才"若干政策 3.新津县支持新乡村产业发展政策	（一）产业培育 　　支持农博会展产业项目：对国际国内知名会展企业在新津设立区域总部或分支机构的，首缴资本在1 000万元（含）以上，正式运营一年后，按缴纳资本的1%给予一次性奖励，最高不超过50万元。 （二）人才政策 　　创建国家、省、市、县级技能大师工作室或首席技师工作室，对创建成功的可给予最高30万元补贴。 （三）创新激励政策 　　对高校、研学培训机构、农业领域高新技术企业和技术先进型服务企业，在新津县建立农业科技创新研发基地、产业基地的，按照固定资产投入的5%，给予最高不超过100万元的一次性补贴。

（续表）

主要支持政策	政策摘要
都江堰市 1.都江堰市鼓励加快转变农业发展方式的十条政策措施（送审稿） 2.都江堰市加快促进旅游主导产业转型发展的政策措施	（一）产业培育 1.支持新经济新业态建设。对投资1 000万元以上的"农业+"项目，建成营业后，给予实施主体一次性20万元奖励；对项目成为网红打卡地的，由市委农村工作领导小组办公室组织相关部门和项目所属功能区、镇（街道）评审认定，根据评审结果给予项目实施主体一次性30万元奖励。 2.支持发展农业精深加工。对当年新投资额1 000万元及以上（不含土地费用）的项目，项目建成投产后，按生产加工设备投入总额的30%、最高不超过100万元给予一次性补助；对其厂房租赁费用，前3年按照每年50%、累计不超过200万元给予补助。
温江区 1.成都市温江区实施乡村振兴战略扶持政策（试行） 2.成都市温江区促进全域旅游发展若干政策措施 3.成都市温江区支持高水平双创推动高质量发展的若干政策	（一）产业培育 企业为开展出口业务而新建或改建的出口产品标准化选育示范基地，集中连片面积达到5亩、10亩以上的，给予每年最高8万元资金补贴。 （二）人才政策 对企业新建设博士后科研工作（分）站或博士后创新实践基地，按照每个工作（分）站或基地50万元的标准给予一次性补贴。 （三）创新激励政策 对新获批建成重点实验室、工程（技术）研究中心、产业创新中心等研发机构的，按相关标准，给予最高200万元的一次性奖励。
邛崃市 1.邛崃市深入推进审批服务便民化实施办法 2.邛崃市鼓励扶持技能人才发展激励政策 3.邛崃市"邛州英才"选拔管理试行办法	（一）营商环境 重大项目专员制（1+1+1），形成一个重大项目一个市级领导一个项目专员，行政审批"一站式"服务；相关职能部门派驻专员进园区为企业排忧解难。 （二）项目招商 全国首家试点租赁标准化厂房办理种子生产经营许可证；重大项目"一事一议"给予奖励补助。 （三）人才政策 入选成都市级及以上人才项目的A类人才（团队）按上级资助金额给予1∶1配套专项资助；B类人才和C类人才按每人30万元的标准给予资助；D类第1项和第2项人才按每人20万元标准、第3项和第4项人才按每人10万元的标准给予资助。入选顶尖创新创业团队的，按每个团队120万元的标准给予资助。以上专项资助，经年度考核合格后，按第一年兑现50%，第二年兑现25%，第三年兑现25%的方式予以资助。 （四）创新成果转化 在园区开展粮油技术创新企业作为第一培育单位通过国家或四川省水稻审定的，米质检测达部标2级标准及以上的，奖励5万元/个。

（续表）

主要支持政策	政策摘要
崇州市 1.崇州市现代农业功能区产业引导政务政策 2.崇州市全域旅游（康养旅游服务业集聚区）产业引导政策及实施细则 3.崇州市实施人才优先发展战略开展"品质崇州·英才汇聚"行动计划	（一）产业培育 　　1.对引进优质种业集团、科研院校等，在崇州建立育种基地，选育适合崇州市种植的国颁一级优质杂交水稻品种，并完成种子审定工作，每个品种奖励100万元。 　　2.鼓励引进举办大型体育赛事、休闲运动、航空运动、农业+会展、影视演艺等活动；承接举办国际级、国家级、省级体育运动赛事，分别给予一次性每场200万元、100万元、50万元补助；举办农业+会展、休闲运动、航空运动、影视演艺等活动，每场活动给予总投入的10%补助，不超过100万元。 　　3.支持"农产品精深加工+文创"行动，对精深加工农产品向文创农产品转型发展的企业，给予文创策划、设计、营销等费用补贴。每个产品补贴最高不超过50万元。 （二）人才政策 　　给予急需紧缺人才和高端人才创新创业扶持。对携带重大科技成果、重大产业化项目来崇州市创新创业的，按照A类、B类、C类人才或其领衔的创新创业团队（企业），分别给予该团队（企业）最高300万元、200万元、120万元项目启动资金。所携带项目对促进崇州市主导产业发展有重大作用、具有良好发展前景、能够产生重大经济社会效益的，经行业主管部门组织第三方专业机构评审认定，可采取"一人一策""一企一策"等方式，按照A类、B类、C类人才或其领衔的创新创业团队，分别给予最高1亿元、3 000万元、1 000万元的综合资助。 （三）创新成果转化 　　科研院校与经营主体开展院（校）企科技合作，推广应用合作科技成果面积达100亩以上，获得省级奖励的项目，市财政再给予10万元奖励；获得国家级奖励的项目，市财政再给予20万元奖励。
金堂县 1.金堂县关于促进产业发展的若干政策 2.金堂县农业科技体制改革试点激励科技人员创新创业工作实施办法	（一）营商环境 　　在金堂县新注册设立或新引进的重大企业，发展产业符合农业主导产业规划且市场竞争优势强。实缴注册资本5亿元（含）以上的，按实缴注册资本给予不超过3%补助；实缴注册资本1亿元及以上5亿元以下的，按实缴注册资本给予不超过2%补助，单户企业当年补助最高不超过1 500万元。项目总投入在2亿元以上的，按不超过实际固定资产投入的20%给予一次性补助；2亿元以下1亿元以上（含），按不超过实际固定资产投入的15%给予一次性补助，单户企业当年补助不超过7 500万元。 （二）项目招商 　　对总投资2亿元及以上的食用菌智能化生产和食用菌精深加工项目，按不超过固定资产投入的20%给予一次性奖励；对企业通过银行用于基础设施建设和生产经营的贷款，按中国人民银行当期贷款基准利率给予贷款主体第一年不超过80%、第二年不超过50%、第三年不超过30%贴息，单户企业以上两项扶持当年奖励金额最高不超过4 000万元。

（续表）

主要支持政策	政策摘要
金堂县 1.金堂县关于促进产业发展的若干政策 2.金堂县农业科技体制改革试点激励科技人员创新创业工作实施办法	**（三）人才政策** "水城英才计划""享受政府特殊津贴人才"等人才激励项目，在同等条件下优先推荐开展创新创业的农业科技人员。对在金堂县农业公益性领域内开展如资源普查、生产技术规程、标准化制定等方面有重大影响力的科技人员和团队，并作为国家、行业、地方标准使用，分别奖励10万元、8万元、5万元。对在金堂县从事农业科技项目，获得市级及以上科技进步等奖项的，按照一、二、三等奖的评定等级，分别奖励国家级50万元、40万元、30万元，省级30万元、20万元、10万元，市级20万元、10万元、5万元。 **（四）创新成果转化** 农业科技人员创办、领办、联办特色种植业基地、示范园区、食用菌原种场、父母代及以上畜禽育种基地等经济实体，实际投入资金1 000万元以上，在主要道路、水利、电力等基础设施、工厂化智能化设施（含养殖环境控制、采食、粪污处理、信息化管理等）、标准化钢架大棚、喷滴灌设施等方面，按实际投资额的10%～30%予以补助，单个项目不超过200万元。
蒲江县 1.蒲江县关于进一步加强人才激励若干措施的意见 2.蒲江县促进文化创意和旅游产业发展若干意见	**（一）产业培育** 1.新引进投资10亿元及以上重大文旅产业项目，在约定建设周期（不超过两年）内完成建设，自营业之日起前3年每年地方财政贡献额在100万元以上，分别按照项目公司当年地方财政贡献额的80%、70%、60%给予奖励。 2.对通过发改立项并取得国有建设用地100亩以上的重大文创旅游项目，建成后，经验收合格，按照实际投资额给予不超过10%的一次性补助。 3.支持艺术家、创客、文创企业或者旅游专合组织保护利用林盘打造特色街区、发展文创旅游项目，经评审立项，对利用国有建设用地的新建项目，按实际投资额的30%给予最高不超过100万元的一次性补助；对利用农村宅基地、闲置资产、老旧建筑（院落）等的改建项目，按实际改造固定资产投资额的30%给予最高不超过50万元的一次性补助。 **（二）要素保障** 1.对列入国家、省、市重点文创旅游产业项目，加大用地计划指标的支持。盘活存量土地，土地使用权人对利用老旧厂房及其他非住宅性空闲房屋，从事众创空间、文化创意等新产业新业态的，其土地权证上的用途和使用权人不作变更，不收取土地用途价差。 2.对社会资本在文创旅游产业园区或融合发展示范村内新（改）建道路、停车场、游客中心、游步道、旅游厕所、垃圾桶（箱）、标识系统等公共基础设施，按项目建设资金的30%给予实施主体最高不超过100万元补助。

（续表）

主要支持政策	政策摘要
蒲江县 1.蒲江县关于进一步加强人才激励若干措施的意见 2.蒲江县促进文化创意和旅游产业发展若干意见	3.国家AAA级以上开放式旅游景区、成都市AAA级林盘景区，其游客中心（游客服务点）的旅游咨询、讲解投诉、购物场所、游客休憩、厕所、医疗保障、安全管理等配套服务、设施运维情况良好的，通过竞争性立项给予运营主体年度5万～10万元的补助。 （三）人才政策 　为吸引和聚集一批高层次人才来蒲创新创业，激发和释放人才活力，外籍高层次人才或自带德国（欧洲各国）等国核心产业技术的国内高层次人才新到中德（蒲江）中小企业合作区创办企业，且固定投资额不少于100万美元，给予最高300万元综合资助；国内外顶尖人才、国家级领军人才、地方领军人才及团队到蒲江新创办或领办企业，经评审可给予最高500万元、300万元、200万元的创业启动资金。

表4-9　部分区（市、县）要素保障主要支持政策

要素保障	政策名称	政策摘要
人才引育	《新津县引进培育"津英人才"若干政策》（新人才〔2019〕2号）	实施高端人才引进培养计划。新引进符合新津主导产业的高端人才，在本地企业从事全职工作、服务期限不低于3年，按照国内外顶尖人才、国家级领军人才、地方级领军人才，分别给予300万元、100万元、20万元的工作补贴，按照4：3：3比例分3年拨付。通过横向课题、协同创新等项目合作方式，短期引进高端人才，一年内在新津工作时间不少于3个月，形成理论、技术成果并成功在企业实际应用的，按项目合同实际履约金额的10%、最高100万元的额度给予补助。个人和团队在新津本地申报入选成都市级以上人才项目的，参照市级以上资助资金标准，以就高原则给予1：1县级资金配套。
	《成都市温江区高层次人才创新创业支持政策》（温委办发〔2019〕70号）	薪酬补贴。根据高层次人才个人实际贡献，经评审认定，给予个人薪酬补贴。年工资性收入100万元及以上的补贴最高不超过30万元/年；80万（含）～100万元的补贴最高不超过7万元/年；50万（含）～80万元的补贴最高不超过5万元/年；30万（含）～50万元的补贴最高不超过3万元/年；20万（含）～30万元的补贴最高不超过1.5万元/年。补贴时间不超过3年，国内外顶尖人才、国家级领军人才、地方级领军人才或经温江区认定的相同层次人才，经评审认定补贴时间可放宽到5年。
	《邛崃市"邛州英才"选拔管理试行办法》（邛委办〔2017〕11号）	专项资助。入选成都市级及以上人才项目的A类人才（团队）按上级资助金额给予1：1配套专项资助；B类人才和C类人才按每人30万元的标准给予资助；D类第1项和第2项人才按每人20万元标准、第3项和第4项人才按每人10万元的标准给予资助。入选顶尖创新创业团队的，按每个团队120万元的标准给予资助。以上专项资助，经年度考核合格后，按第一年兑现50%，第二年兑现25%，第三年兑现25%的方式予以资助。鼓励用人企业配套其他资金，以保障和提高"邛州英才"的工作生活条件。

（续表）

要素保障	政策名称	政策摘要
人才引育	《崇州市实施人才优先发展战略开展"品质崇州·英才汇聚"行动计划》（崇委办〔2018〕30号）	对新引进未入住人才公寓且在崇州市无自有住房的急需紧缺人才和高端人才，给予最长5年的租房补贴。A类人才补贴5 000元/月，B类人才补贴3 000元/月，C类人才补贴2 000元/月，D类人才补贴1 000元/月，E类人才补贴500元/月。租房补贴在每年12月一次性发放。
	《关于进一步加强人才激励夯实"东进"人才支撑的实施办法》（金委发〔2017〕10号）	对在金堂创新创业5年以上且为经济社会发展作出重大贡献的高层次人才。经评审认定，授予"为金堂作出突出贡献人才"荣誉称号，一次性给予50万元/人的资金资助。
	蒲江县《关于进一步加强人才激励若干措施的意见》（蒲委办〔2017〕16号）	蒲江籍在外优秀人才回蒲新创办企业，固定投资额不少于5 000万元，企业投产达效后，给予最高100万元的"回乡创业"人才奖励。到蒲新注册公司，并领办（创办）农业高新科技园，固定投资额不少于1 000万元，给予创办人最高20万元的奖励。
科技支撑	《新津县支持新乡村产业发展政策》（新委办〔2020〕3号）	对高校、研学培训机构、农业领域高新技术企业和技术先进型服务企业，在新津县建立农业科技创新研发基地、产业基地的，按照固定资产投入的5%，给予最高不超过100万元的一次性补贴。对新育成的品种（系）通过国家级品种审定、国家植物新品种保护权或通过畜禽新品种、配套系审定和畜禽遗传资源鉴定的，次年给予育成单位20万元的一次性奖励。
	《温江区支持高水平双创推动高质量发展的若干政策》（温府发〔2019〕55号）	对新认定的区级科技创业苗圃（众创空间）、科技企业孵化器（创新中心）、科技企业加速器，分别给予运营机构20万元、40万元、50万元一次性经费资助。
	《金堂县农业科技体制改革试点激励科技人员创新创业工作实施办法》（金堂府办发〔2017〕9号）	对农业科技人员在金堂县创办的国家级、省级、市级产业技术研究院、工程技术中心、重点实验室分别给予50万元、30万元、20万元的奖励。农业科技人员创办、领办、联办特色种植业基地、示范园区、食用菌原种场、父母代及以上畜禽育种基地等经济实体，实际投入资金1 000万元以上，在主要道路、水利、电力等基础设施、工厂化智能化设施（含养殖环境控制、采食、粪污处理、信息化管理等）、标准化钢架大棚、喷滴灌设施等方面，按实际投资额的10%～30%予以补助，单个项目不超过200万元。
金融支持	《新津县金融支持实体经济政策》（新委办〔2020〕6号）	对获得县域内银行流动资金贷款的中小微企业，按贷款当月同期LPR（指中国人民银行授权全国银行间同业拆借中心公布的贷款市场报价利率，下同）和实际发生担保费的50%给予补助，每户每年补助总额最高20万元；对获得新津县政策性贷款的企业，每户每年补助总额最高30万元。

（续表）

要素保障	政策名称	政策摘要
金融支持	温江区《关于促进民营经济健康发展的实施意见》（温委发〔2019〕1号）	对非上市民营企业通过发行公司债、企业债、可转债、中期票据等方式进行直接融资，单笔融资额达3 000万元以上的，每笔奖励10万元，单户企业最高奖励100万元。对IPO、科创板上市成功的民营企业给予最高不超过400万元奖励，对在"新三板"挂牌的民营企业给予最高不超过150万元奖励，对在天府（四川）联合股权交易中心挂牌、融资的民营企业给予不超过50万元奖励。
	《崇州市有效应对疫情稳定经济运行27条政策措施》（崇府发〔2020〕2号）	给予农业融资贷款贴息支持。疫情期间对新型农业经营主体通过"农贷通"平台新增的银行贷款，贷款用于大宗粮食规模经营的，按当期公布的市场报价利率（LPR）给予贷款主体80%贴息；贷款用于特色种养业生产的，按当期公布的市场报价利率（LPR）给予贷款主体50%贴息；贷款用于一二三融合发展的，按当期公布的市场报价利率（LPR）给予贷款主体30%贴息。

注：2020年6月，四川省人民政府同意撤销新津县设立成都市新津区。

附件1 成都市都市现代农业产业生态圈相关政策

· 新津县支持新乡村产业发展政策
· 都江堰市鼓励加快转变农业发展方式的十条政策措施（送审稿）
· 温江区支持高水平双创推动高质量发展的若干政策
· 邛崃市"邛州英才"选拔管理试行办法
· 成都崇州现代农业功能区产业引导政务政策
· 金堂县关于促进产业发展的若干政策
· 蒲江县关于进一步加强人才激励若干措施的意见

新津县支持新乡村产业发展政策

为贯彻落实乡村振兴重大战略部署，围绕产业振兴在全省农业先行先试，结合我县实际和当前疫情形势，就着力吸引社会资本下乡培育以市场为导向、以现代农业为基础、以乡村为消费场景、以融合发展为先导的新乡村产业，引导企业化危为机，抓住新乡村产业发展机遇，特制定以下扶持政策。

一、支持新乡村产业加快集聚

第一条（支持农商文旅体科产业融合类项目）　新引进以农业种养殖为基础的农商文旅体科产业融合类发展项目，通过规范流转农村集体建设用地，固定资产投入超过500万元的，建成运营后，按照经认定的固定资产投入5%给予一次性补助，最高不超过200万元。对项目依法流转农用地不低于50亩，按照每亩300元给予3年租金补贴，单个项目每年补贴最高不超过10万元。

新引进盘活房屋、厂房等资产资源的项目，通过改造装修和环境整治，实施一二三产业融合项目，改造装修面积不低于300平方米的，建成运营后，按照经认定改造装修费用的20%给予最高不超过50万元的一次性补贴。

第二条（支持现代农业产业项目）　新引进利用农业物联网、农业大数据等信息技术的现代设施农业项目，集中连片发展10亩以上且亩平投入不低于20万元的，建成运营后，按照经认定固定资产投入的20%给予一次性补贴，最高不超过50万元。

支持县域内农业生产经营组织水稻机械化育秧、蔬菜机械化育苗项目发展，对引进先进适用且不在四川省农机购置补贴目录内的现代化农业机械设备，按照采购费用的20%给予最高不超过10万元的一次性补贴。

第三条（支持现代渔业产业化项目）　新引进发展以稻渔综合种养、物联网+智慧渔业等先进技术模式为主的项目，按照生产经营设施投入的10%，给予最高不超过20万元的一次性补贴。

第四条（支持农博会展产业项目）　对国际国内知名会展企业在新津设立区域总部或分支机构的，首缴资本在1 000万元（含）以上，正式运营1年后，按缴纳资本的1%给予一次性奖励，最高不超过50万元。

对县域内举办的涉农展会活动，展览面积在5 000平方米（含）以上的，每场展会活动按照经认定的场地租赁费用的30%，给予办展企业最高不超过20万元的补助，每个申报主体年资金补助不超过50万元。对县域内举办的涉农会议论坛活动，每场论坛活动按照经认定的场地租赁费用的30%，给予办会企业不超过10万元的资金补助，每个申报主体年资金补助最高不超过20万元。

二、鼓励新乡村产业创新发展

第五条（鼓励创建本地特色品牌）　对新评定为国家级、省级、市级农业产业化龙头企业，分别给予30万元、10万元、5万元的一次性奖励。对新评定为国家级、省级、市级家庭农场，分别给予10万元、5万元、3万元的一次性奖励。对新评定为国家级、省级水产健康养殖示范场，分别给予5万元、3万元的一次性奖励。

支持农副产品旅游商品化开发。鼓励以"新津产"农副产品为原材料，创新开发特色手工食品、即食休闲食品等产品（含鲜销农副产品包装设计），每年开展农副产品开发评比大赛，对获奖产品给予奖励。

第六条（鼓励开展农超对接）　对以合作社或农产品加工配送中心等为载体，通过订单模式向连锁商超供应本区域生产的蔬菜、水果、畜禽产品和水产品的经营主体，按照年销售收入的5%，每年给予最高不超过10万元的奖励。同时，按照年营业收入的1%，每年给予连锁商超最高不超过10万元的奖励。

第七条（鼓励发展"互联网+现代农业"模式）　鼓励通过"电商"或"网络直播"平台宣传营销本地农副产品，对通过电商平台销售本地农副产品的生产经营主体，按照物流费用的20%，每年给予最高不超过10万元的补助。经审核同意拍摄制作视频宣传新津主导农副产品、乡村旅游场景等乡村元素的新媒体团队（个人），年点击量达到100万、500万、1 000万以上的，分别给予1万元、3万元、5万元的奖励，每个申报主体每年申报一次。

三、强化新乡村产业要素供给

第八条（强化产业社会化服务供给）　支持粮油生产全程社会化服务。支持县域内农业社会化服务组织为粮油等生产经营主体提供集品种规划、智能配肥、定制植保、检测服务、农机服务"五位一体"的全程社会化服务，每年按照经认定的服务面积给予每亩100元，最高不超过100万元的补贴。

新引进入驻农博创新中心，提供产业融合公共服务（包括搭建农村综合性信息化服务平台、创业孵化平台、电子商务、公共营销、设计创意、市场融资）的创业主体，在园区服务企业3家以上的（非政府采购），每年按照营业收入的10%，给予最高不超过50万元的奖励。

第九条（强化新乡村人才供给） 实施乡村就业创业促进行动，支持农民工、大中专毕业生、退役军人、科技人员等返乡入乡人员和"田秀才""土专家""乡创客"参加乡村工匠、文化能人、手工艺人和经营管理人才等创新创业技能培训。对参加相关技能培训5天（含）以上的，按照培训费的50%给予一次性补助，最高不超过2 000元，每人每年申报一次。

第十条（强化农业产学研用协同创新） 对高校、研学培训机构、农业领域高新技术企业和技术先进型服务企业，在我县建立农业科技创新研发基地、产业基地的，按照固定资产投入的5%，给予最高不超过100万元的一次性补贴。对新育成的品种（系）通过国家级品种审定、国家植物新品种保护权或通过畜禽新品种、配套系审定和畜禽遗传资源鉴定的，次年给予育成单位20万元的一次性奖励。

四、附则

（一）本政策适用于工商注册地、税务征管关系及统计关系均在新津县的民营企业等市场主体。

（二）本政策每年申报两次，分别为每年的2月1日至3月15日、9月1日至10月15日，每年申报前一年度的资金。

（三）本政策在执行中遇到的新情况和新问题，由新津县农业农村局提出意见报县委、县政府研究，对特别重大项目扶持政策按"一事一议"原则经县委、县政府研究后执行。

（四）本政策与上级政策重复的，原则上不重复享受；如与县级其他产业政策重复的，按照就高原则享受政策。

（五）本政策涉及的各项资金支持等资助所产生的税费按相关规定由个人或企业承担。

（六）政策申报范围为2019年1月1日起发生事项。

（七）本政策涉及条款由新津县农业农村局负责解释，自发布之日起生效，有效期3年。

都江堰市鼓励加快转变农业发展方式的十条政策措施（送审稿）

为了鼓励各类涉农主体加快转变农业发展方式，以"补短板、强链条"全面推动都江堰市乡村振兴高质量发展，根据成都市"产业新政50条"和《成都市实施乡村振兴战略若干政策措施（试行）》（成委厅〔2017〕179号），结合都江堰市农业产业发展实际，制定本政策。

第一章　适用范围

本政策适用于工商注册登记和税收解缴关系在都江堰市，已在农业行政主管部门备案，从事农业标准化、规模化、品牌化、景观化、商品化等现代农业项目和其他农业新经济类项目的农业经营主体；申报的奖补项目对农业产业提升作用明显，符合都江堰市相关规划和环保要求；以创新方式支持农业融资的相关金融机构。

第二章　支持重点

第一条　支持重大农业项目入驻。鼓励社会资本入驻精华灌区康养产业功能区，建设具有典型示范带动作用的农业产业化项目。对自签订土地流转有偿使用合同之日起，3年内累计投资额达5亿元及以上（不含土地购置费用和销售物业）的项目，经认定后，按项目实施主体实际投入的5%给予综合补贴，补贴总额不超过3 000万元。

第二条　支持合作共建灌区项目。鼓励与市所属国有公司合作做强精华灌区康养产业功能区产业。对与市所属国有公司合作成立合资公司的社会投资方（社会投资方出资比例达60%及以上），采用有偿使用农用地（200亩以上）和集体建设用地实施项目建设，在合同经营期满后，将项目的全部资产无偿移交给都江堰市所属的国有公司的，所属国有公司可对社会投资方补贴不超过3年的集体建设用地和农用地有偿使用费。

第三条　支持建设现代农业园区。鼓励各类经营主体依托产业基地优势建设现代农业园区，支持多个主体联合建设。对申报成为成都市级现代农业园区的，给予申报主体一次性100万元奖励；对申报成为四川省级现代农业园区的，给予申报主体一次性200万元奖励；对申报成为国家级现代农业园区的，给予申报主体一次性300万元奖励。

第四条　支持组建产业联合实体。鼓励猕猴桃、茶叶、中药材、蔬菜、粮油等经营主体集成资源优势组建产业联合实体，带动产业增收增效。对由5个及以上经营主体联合组建产业联盟（含合作联合社、合资公司等实体），推广我市特色优质农产品且年销售收入达1 000万元及以上的，按其当年销售收入总额的1%给予奖励，当年享受奖励资金最高不超过100万元。

第五条　支持新经济新业态建设。鼓励集成农业文化创意、康体养生、运动休闲、科普教育等要素打造农业新经济新业态亮点项目。对投资1 000万元以上的"农业+"项目，建成营业后，给予实施主体一次性20万元奖励；对项目成为网红打卡地的，由市委农村工作领导小组办公室组织相关部门和项目所属功能区、镇（街道）评审认定，根据评审结果给予项目实施主体一次性30万元奖励。

第六条　支持发展农业精深加工。鼓励以本地猕猴桃、茶叶、川芎（中药材）、蔬菜及其他农产品为原料，在我市投资研发和生产特色养生食品、美容产品等精深加工农特旅游商品。对当年新投资额1 000万元及以上（不含土地费用）的项目，项目建成投产后，按生产加工设备投入总额的30%、最高不超过100万元给予一次性补助；对其厂房租赁费用，前3年按照每年50%、累计不超过200万元给予补助。

第七条　支持农特产品直接出口。鼓励拓展农产品国际市场，推动"都江堰造"农产品走出国门。对新获得省级及以上部门批准备案的专业出口认证基地，给予一次性5万元奖励；对实现农副产品直接出口创汇的，按当年出口创汇总额的10%给予奖励，当年奖励最高不超过100万元。

第八条　支持转变金融供给方式。鼓励推广农业融资信用保证保险和涉农项目资金抵（质）押融资模式。对通过"银行+保险"方式取得贷款的，项目纳入都江堰市本级政策性农业保险管理，给予融资主体险种年度保费50%最高不超过5万元的补贴，给予保险机构险种保额1%的奖励；对以涉农项目资金抵（质）押实现融资的，给予担保机构保额1%的奖励。

第九条　支持推广区域公用品牌。鼓励经营主体按市场化方式运营农产品区域公用品牌。对实施品牌规划设计、线上线下传播、产品资源整合和开发利用经评定取得成效的，按其年度实际投入费用的30%、最高不超过100万元给予补助；对获得授权许可在产品包装上使用区域公用品牌（含地标）标识、商标的，按包装费用的20%给予补助，补助资金由品牌授权主体或相关行业协会牵头申报，当年补助资金最高不超过100万元。

第十条 支持提升农业供给质量。鼓励以"提质"促进产业"增效"。对获得良好农业规范认证（GAP）、有机农产品认证、国家生态原产地产品保护认证和首次获得绿色食品认证的，按每个证书给予5万元奖励；对农产品被认定并进入国家名特优新农产品目录的，一次性给予5万元奖励；对获得农产品地理标志认证的，按每个证书给予10万元奖励。

第三章 附 则

第十一条 按照"先建后补"原则，当年奖补项目应于次年3月1日至3月31日向中共都江堰市委农村工作领导小组办公室（都江堰市农业农村局）申报，逾期不予受理。

第十二条 对应本政策申报的奖补项目，由中共都江堰市委农村工作领导小组办公室组织开展"联评联审"，对申报时前两年内存在违法违规行为的，一律不予奖补。

第十三条 本政策实施期间，申报的项目如与我市及以上奖补政策内容相重复的，按"就高不重复"的原则执行。

第十四条 特别重大及特色农业项目实行"一事一议"。

第十五条 本政策有效期5年，由都江堰市农业农村局负责解释。自本政策发布之日起，原《都江堰市鼓励加快转变农业发展方式助推乡村振兴发展的支持办法》（都委办〔2018〕23号）和《都江堰精华灌区康养产业功能区产业扶持办法》（都办发〔2019〕18号）文件自动废止。

温江区支持高水平双创推动高质量发展的若干政策

第一章　总　则

第一条　为深入实施创新驱动发展战略，支持高水平双创，推动高质量发展，加快培育以雏鹰企业、瞪羚企业、准独角兽企业、独角兽企业或行业领军企业为重点的企业集群，结合温江区实际，制定本政策。

第二条　本政策所支持的对象是指工商登记、税务和统计关系等均在温江区的创新创业载体和企业。

第三条　区财政每年安排专项资金，用于本政策规定的各项支持措施。

第二章　支持高能级载体建设

第四条　支持创建创新创业载体

（一）鼓励支持社会主体改（扩）建创新创业载体，对完成改（扩）建并经认定的创新创业载体，给予改（扩）建费用总额的20%最高不超过300万元的资助。

（二）对新认定的区级科技创业苗圃（众创空间）、科技企业孵化器（创新中心）、科技企业加速器，分别给予运营机构20万元、40万元、50万元一次性经费资助。

第五条　支持创新创业载体提档升级

（一）对新认定的市级及以上创新创业载体，按同级项目资助资金的50%给予运营机构最高不超过100万元的一次性配套资助。对获得国家级创新创业载体认定的，一次性给予创新创业载体运营机构最高不超过200万元的配套资助。获得多级认定的，按照最高资助金额给予差额资助。

（二）对已经认定的创新创业载体，每增加100平方米孵化面积给予5万元补贴，依次递增后最高不超过200万元补贴。

（三）支持创新创业载体公共服务设施配套。对创新创业载体购置公共软件、开发工具、科研设备、检测设备等配套设施，给予购置费用的30%最高不超过100万元补贴。

（四）鼓励支持科技服务机构（包括研究开发、检验检测认证、科技咨询、科技金融、法律事务、上市辅导等）入驻创新创业载体，按其上一年度区内科技服务收入的50%给予服务机构最高不超过50万元资助。

第六条 提升创新创业载体孵化绩效

（一）对成功孵化项目的创新创业载体，经评审认定，每成功孵化一个项目，给予载体运营机构最高不超过20万元孵化资助，每个载体每年最高150万元资助。项目孵化具体奖励标准：根据孵化项目的规模确定每孵化一个项目的奖励额度，被孵化的企业年度营业收入达到500万元以上，或获得专业风险投资、投后估值达到2 500万元的，给予6万元奖励；被孵化的企业年度营业收入达到1 000万元以上，或获得专业风险投资、投后估值达到5 000万元的，给予10万元奖励；年度营业收入达到2 000万元以上，或获得专业风险投资、投后估值达到1亿元的，给予15万元奖励；年度营业收入达到5 000万元以上，或获得专业风险投资、投后估值达到2.5亿元的，给予20万元奖励。

（二）创新创业载体内每新增一家上规入库的企业、国家高新技术企业、总部型经济企业、准独角兽企业给予载体运营机构10万元资助；每新增一家成都市新经济"双百工程"优秀企业、独角兽企业给予载体运营机构20万元资助。

（三）鼓励支持创新创业载体引导入驻企业改制及上市，每推荐一家在创业板（海外板）、科创板、新三板成功上市（挂牌）的创新创业企业，分别给予创新创业载体20万元、20万元、5万元补贴。

第七条 建立创新创业载体发展长效机制。对已认定的创新创业载体，每年按照新增企业数量、入驻企业年度销售收入、获得专业股权投资机构融资额、培育高新技术企业和上规入库企业数量、入驻科技型中小企业上年度对地方实际贡献等进行综合评价，给予最高不超过100万元资助。

第三章 支持高成长企业发展

第八条 支持企业加大研发投入

（一）对上一年度研发费用投入在100万元以上的科技型企业，经评审认定，按照实际研发费用的10%，给予最高200万元的研发投入资助。

（二）鼓励企业逐年增加研发费用投入。对上一年度研发费用投入在100万元以上的科技型企业，经评审认定，在上一年增量基础上，给予其实际研发费用增量部分的20%，最高不超过200万元的研发投入资助。

（三）对生物医药、新一代信息技术（人工智能）、大数据等领域的新经济企业，在本条第（一）款、第（二）款的基础上，最高支持金额上浮20%。研发费用以税务部门提供的企业享受研发经费税前加计扣除额作为计算依据。

第九条　支持生物医药和医疗器械产品研发创新。对企业自主研发并在我区实现产业化的生物医药与医疗器械创新产品，按照研发和产业化的不同阶段，分步给予资金奖励。单个企业每年资助最高不超过2 000万元。

（一）对1类新药（含中药与天然药物、化学药品、生物制品），按研发和产业化进度分阶段给予单品种累计最高3 000万元的补贴；对1类新药以外的创新药物和仿制药，按研发和产业化进度分阶段给予单品种累计最高1 000万元的补贴。

（二）对企业自主研发的医疗器械，取得医疗器械注册证的，按实际研发投入给予一次性奖励。其中，具有前沿和颠覆性技术且纳入国家医疗器械优先审批通道的三类医疗器械每个最高奖励1 000万元，其他三类医疗器械每个最高奖励500万元，二类医疗器械（不含二类诊断试剂及设备零部件）每个最高奖励200万元。

第十条　加大科技进步奖励配套。对上一年度获得国家、省科技奖励的科技企业及科研机构，且作为获奖项目第一完成单位的，按照国家、省科技奖励奖金的200%给予配套奖励；作为其他参与单位获奖的，按照国家、省科技奖励到位奖金的100%给予配套奖励。获得市科技奖励的，按照市科技奖励到位奖金的100%给予配套奖励。奖励基数为实际获得的上级奖励金额，单个企业每年最高给予300万元奖励。

第十一条　支持雏鹰企业快速成长。雏鹰企业是指入选成都市种子企业；或成立3年内（生物医药类5年内），年度主营业务收入和现金流超过200万元；或获得股权融资的科技型企业。

（一）对首次被认定的雏鹰企业，给予企业3万元一次性奖励。

（二）对首次被认定为成都市种子企业的雏鹰企业，给予企业5万元一次性奖励。复审通过认定的，给予3万元一次性奖励。

第十二条　支持瞪羚企业持续增长。瞪羚企业指满足以下条件之一的企业：

1. 一年爆发增长：主营业务收入在1 000万元以上或利润100万元以上，且同比增长100%以上；纳税保持相应增长。

2. 三年复合增长：主营业务收入在1 000万元以上或利润100万元以上，且2年连续增长20%以上或3年复合增长15%以上；纳税保持相应增长。

3. 五年连续增长：主营业务收入在1 000万元以上或利润100万元以上，且5年连续增长10%以上；纳税保持相应增长。

（一）对首次被认定为瞪羚企业的，按照一年爆发增长、三年复合增长、五年连续增长，分别给予企业管理团队10万元、15万元、30万元一次性奖励。

（二）连续被认定为瞪羚企业的，参照本条第一款给予认定奖励，并按照当年企业对地方实际贡献增量部分的20%，给予企业最高500万元资金奖励，主要用于支持企业技术研发。

（三）对被认定为成都市种子企业的瞪羚企业，再给予企业管理团队10万元一次性奖励。复审通过认定的，给予5万元一次性奖励。

第十三条 支持准独角兽企业加速成长。准独角兽企业指获得过投资，未上市，且最新一轮融资时的估值为1亿美元以上；或上一年度主营业务收入1亿元以上，连续2年主营业务收入增长率达到20%的企业。

（一）对首次被认定为成都市准独角兽企业的，给予企业管理团队30万元一次性奖励。复审通过认定的，给予10万元一次性奖励。

（二）对年主营业务收入首次突破5亿元、10亿元的准独角兽企业，分别给予企业管理团队10万元、20万元的一次性奖励；纳税首次超过1 000万元，按次年企业对地方实际贡献增量部分的20%给予企业补贴。

第十四条 支持独角兽或行业领军企业提升效益。独角兽或行业领军企业指获得过投资，未上市，且估值超过10亿美元；或主营业务收入超过20亿元，且连续2年主营业务收入增长率达到20%。

（一）对首次被认定为成都市独角兽或行业领军企业的，给予企业管理团队100万元一次性奖励。复审通过认定的，给予20万元一次性奖励。

（二）对年主营业务收入首次突破10亿元、20亿元的独角兽企业，分别给予企业管理团队20万元、50万元的一次性奖励；纳税首次超过5 000万元，按次年企业对地方实际贡献增量部分的50%给予企业补贴。

第十五条 支持申报成都市新经济"双百工程"。对入选成都市新经济"双百工程"的企业和人才，分别给予企业管理团队50万元、优秀人才个人10万元的一次性资金奖励。对企业管理团队的奖励，按照就高不就低的原则，不与雏鹰、瞪羚、准独角兽、独角兽或行业领军企业的认定奖励重复享受。

第十六条 支持高成长企业集聚。对综合总部或功能性总部注册落户温江区的独角兽企业、准独角兽企业，完成实际到位投资的，经评审认定，分别给予独角兽企业200万元，准独角兽企业100万元的一次性奖励。对专注人工智能、智能芯片、云计算、大数据、区块链、物联网等领域开展"核心技术攻关+商业模式创新+国际化资源配置"的新经济企业，经评审认定，再给予100万元的落户奖励。

第十七条　给予科技型企业产业用房支持。对经认定的雏鹰、瞪羚、准独角兽、独角兽或行业领军企业以及入驻载体的科技型中小企业或科技型组织机构，经评审认定，给予产业用房支持。

（一）在温江区购置办公、生产用房的，对企业实际自用面积中不超过5 000平方米的部分，按照购房金额的10%且最高不超过800元/平方米给予一次性补助，单个企业补贴最高不超过400万元。

（二）在温江区租赁办公、生产用房的，对企业实际自用面积中不超过5 000平方米的部分，按照最高35元/（平方米·月）（不超过实际价格）的标准给予企业租金补贴，单个企业补贴最高不超过200万元/年，时间不超过3年。特别优秀的项目，3年结束后，经评估认定可继续享受2年政策支持。

（三）投资完成装修改造的，按装修实际投入的50%给予一次性装修补贴，单个企业补贴最高不超过200万元。

第四章　支持高技术平台建设

第十八条　支持创新研发平台建设。对生物医药、新一代信息技术、人工智能等企业、机构、联盟和行业协会建设的各类创新研发平台，经评审认定，按照实际投入部分的30%，给予最高不超过1 000万元的支持。对于符合我区产业发展导向、弥补产业链创新链薄弱环节，重点引进的创新研发平台，资助金额上浮20%。

第十九条　支持创新研发平台提能升级。对升级为国家重点实验室或工程实验室的，给予500万元的一次性提升发展资助；对升级为国家工程研究中心、国家技术创新中心、国家产业创新中心、国家制造业创新中心的，给予300万元的一次性提升发展资助；对升级为科学技术部会同有关部委批准建设的其他国家级研发平台，给予200万元的一次性提升发展资助。升级为省级、市级创新研发平台的，分别给予80万元、40万元的一次性资助。同一项目获得多级认定的，按最高资助金额进行差额资助。

第二十条　支持创新研发平台服务

（一）对使用经认定的公共技术平台的企业、机构，按其当年实际支付费用的20%，给予企业或机构每年最高不超过50万元资助。对提供公共技术平台服务的企业，按照当年实际获得服务收入的10%，给予每年最高不超过100万元运营支持。

（二）对购买云服务的企业，经评审认定，按照实际发生费用的50%，给予企业每年最高不超50万元的云资源使用费资助；对提供云服务的企业，按照当年实际获得服务收入的10%，给予每年最高不超过10万元运营补贴。

第五章　支持高标准场景打造

第二十一条　支持市场化应用场景建设。对产业带动作用明显、形成完整解决方案的5G+、人工智能+、大数据+等新技术、新产品、新业态、新模式市场化应用场景，经评审认定，按实际投入的30%给予最高300万元一次性资金补贴。

第二十二条　支持应用场景示范认定。对企业建设的数字园区、智慧城市、社区治理、消费升级等市场化应用场景获得国家级、省级、市级相关示范项目认定，且项目总投入不低于200万元的，在项目通过验收后，分别另行给予100万元、50万元、40万元的一次性奖励。

第二十三条　加强政府应用示范专项支持。创新财政科技投入方式，将财政资金直接资助企业技术创新转变为政府购买高新技术服务支持新经济企业发展。推动区级各部门、各园区、各镇（街）率先应用新经济企业的创新产品，每年向社会发布涵盖智慧城市建设、经济发展、社会综合治理等领域的应用场景清单，以订单方式向新经济企业提供高度契合的多元化应用场景实践，促进新技术推广应用和新业态衍生发展，实现新模式融合创新和新产业裂变催生。

第六章　支持高层次人才领创

第二十四条　对符合条件的新经济高层次人才支持参照《成都市温江区高层次人才创新创业支持政策》执行。

第七章　保障政策实施

第二十五条　本政策实施期间，同时符合温江区其他扶持政策条件的，按照从高、从优、不重复的原则享受。本政策涉及的各项资金支持等资助所产生的税费按相关规定由个人或企业承担。

第二十六条　享受本政策支持的企业，未经温江区政府同意，变更公司注册、税收解缴、统计关系等事项，应等额退还已享受的相关扶持资金。本政策涉及条款由成都市温江区新经济和科技局负责解释，实施细则由成都市温江区新经济和科技局商相关部门制定。

第二十七条　本政策自发布之日起30日后生效，有效期3年。

邛崃市"邛州英才"选拔管理试行办法

第一章　总　则

第一条　为贯彻落实中央、省委、成都市委关于深化人才发展体制机制改革的战略部署，建设一支规模宏大、结构合理，支撑全力融入天府新区、全力建设全面体现新发展理念的国家中心城市卫星城的优秀人才队伍，结合我市实际，制定本办法。

第二条　围绕我市经济社会发展目标，在新材料、新能源、智能制造、生物医药、食品饮料（优质白酒）、现代农业、文化旅游等重点产业领域选拔一批创新创业人才。

第三条　本办法适用对象为在我市范围内依法登记、具有独立法人资格、税收解缴和统计关系均在我市的各类企业引进和培育的经济社会发展急需紧缺创新创业人才。

第二章　工作机制

第四条　市人才工作领导小组负责审定和发布重点产业领域名单，组织领导、协调解决"邛州英才"选拔管理工作中的重大事项。市人才办负责牵头组织协调和具体实施"邛州英才"选拔管理工作。

第五条　涉及"邛州英才"选拔管理工作的市级部门，按照各自职能，做好报名初审、跟踪了解、提供服务等工作。

第六条　用人企业是"邛州英才"引进、培育、使用和管理的主体，负责提出人才需求、搭建工作平台、制定配套政策、保障生活待遇等工作。

第三章　选拔对象

第七条　"邛州英才"分为个人类和团队类，通过选拔评审产生。

（一）个人类主要分为四种

A类：入选成都市级及以上人才项目（团队）的国际顶尖人才、国家级领军人才、地方高级人才。该类人才（团队）不经评审直接纳入"邛州英才"管理范围。

B类：高层次创新人才。一般应具有博士学位，年龄不超过55周岁，并有国内外知名企业或研发机构工作经历，且应同时具备以下条件之一：

1. 在国内外知名高校、科研院所担任副教授或相当职务（职级、职称）的专家学者。

2. 在国内外知名企业、上市公司、金融机构、科研机构及社会组织中担任高级职务，熟悉相关产业发展和行业规则的专业技术人才和经营管理人才。

3. 具有较强的产品开发能力和产业化潜力的领军人才。

4. 具备精湛的操作技能，并在工作实践中能解决关键技术和工艺操作性难题，自主创新成果具有国内领先水平的企业领军人才。

C类：高层次创业人才。一般应取得硕士研究生及以上学历，年龄不超过55周岁，同时具备以下条件：

1. 拥有自主知识产权和发明专利，且其技术成果在国内处于先进，具有市场潜力。

2. 有自主创业经验，熟悉相关产业发展和国际规则的专业技术人才或经营管理人才。

3. 企业注册资本不低于100万元，且实缴注册资本不低于50%。

4. 企业主要创办人（股权一般不低于30%），且带项目、资金、技术来邛创业，产品处于全国领先。

D类：其他高层次高素质人才。主要包括：

1. 在我市重点产业从事与其专业相关工作的副高级以上职称的专业技术人才或博士研究生。

2. 我市产业发展急需的技师、高级技师等高技能型人才，或产业发展急需的具有工艺专长、掌握高超技能、体现领军作用、作出突出贡献的实用型人才。

3. 在我市重点产业从事本专业相关工作的全日制硕士研究生。

4. 由市人才工作领导小组会议研究确定的产业发展急需的其他紧缺人才。

（二）团队类

顶尖创新创业团队一般是以A、B、C三类"邛州英才"为核心，分工协作、团队配合为基础，一流创新成果为支撑，有明确的主攻方向和研发转化目标，能持续创新创业的高端人才聚合体，同时符合以下条件：

1. 团队核心成员一般3人以上，其中至少3人达到"邛州英才"C类以上入选条件，并全职在邛崃市企业工作。

2. 团队所在企业需在邛崃市注册，注册资本不少于100万元，且实缴资本不低于50%。

第八条 研发水平或拥有核心技术的产品处于国内领先水平的创新创业人才，我市重大产业发展急需的带项目、带技术、带资本的优秀团队，经行业主管部门和外聘专家组成的专家评审组认定后可适当放宽申报条件。

第四章 评审程序

第九条 "邛州英才"每年选拔1次，申报者需满足来邛创办企业或与我市企业签订3年以上劳动合同（服务协议），每年在我市工作时间不少于9个月（创业人才不少于6个月）的基本要求，选拔评审按下列程序进行：

（一）申报。符合条件的企业人才填写申报表，并附身份证、毕业证、用工合同、科技成果查新报告、专利授权书；公司营业执照、税务登记证、组织机构代码证、公司章程等相关材料原件和复印件在对口部门申报。产业园区外的工业企业人才在市经科局申报，产业园区内的工业企业人才在所属管委会申报；农业企业人才在市农林局申报；服务型企业人才在市商务局申报；技能型企业人才在市人社局申报。

（二）初审。相关部门指定专人负责初审工作，以园区党工委或行业主管部门党组（党委）名义将初审人选名单及相关申报材料报市人才办。

（三）集中评审。市人才办牵头，由行业主管部门和外聘专家组成专家评审组，按集中会审的方式进行。申请者需现场汇报并进行答辩。专家评审组着重了解企业投资规模、科技创新情况、自主创业情况、企业未来5年发展规划和主导产品市场前景等内容。

（四）专家合议。专家评审组根据答辩人的项目前景、市场预期、创新能力和现场发挥等综合表现，按得分高低排序，提出"邛州英才"初步人选。

（五）实地考察。市人才办会同相关部门组成考察组，对初步人选进行考察，重点核实企业规模、发展前景或研发水平、成果转化等内容。

（六）审定。由市人才办根据初步人选和考察情况拟定建议人选报市人才工作领导小组审定，产生"邛州英才"名单。

（七）公示。将审定人选名单在相关媒体和企业进行5个工作日公示。公示无异议的，落实激励政策。

第五章　激励措施

第十条　被批准纳入"邛州英才"管理的创新创业人才，可享受以下激励措施：

（一）专项资助。入选成都市级及以上人才项目的A类人才（团队）按上级资助金额给予1∶1配套专项资助；B类人才和C类人才按每人30万元的标准给予资助；D类第1项和第2项人才按每人20万元标准、第3项和第4项人才按每人10万元的标准给予资助。入选顶尖创新创业团队的，按每个团队120万元的标准给予资助。以上专项资助，经年度考核合格后，按第一年兑现50%，第二年兑现25%，第三年兑现25%的方式予以资助。鼓励用人企业配套其他资金，以保障和提高"邛州英才"的工作生活条件。

（二）表扬奖励。适时召开大会，为入选专家人才颁发"邛州英才"荣誉证书。为我市经济发展作出突出贡献或产生重大社会影响的高层次人才，在推荐党代表、人大代表或政协委员时予以倾斜。

第六章　管理及保障措施

第十一条　建立动态管理机制。加大对"邛州英才"的管理考核力度，由市人才办牵头，相关职能部门共同组成考核组，对"邛州英才"的工作实绩、经济社会效益等进行考核，考核结果作为享受激励政策的重要依据。考核不合格者，取消其资格及待遇。

第十二条　建立便捷服务机制。市人才办建立"邛州英才"入选者信息库，通过领导干部联系服务高层次人才制度，加强与"邛州英才"入选者的联系，形成跟踪服务和沟通反馈机制，帮助解决其工作生活中的问题和困难，关心关爱引进人才。在产业园区建立"新型人才工作站"，为引进人才提供一对一跟踪服务。

第十三条　建立人才退出机制。对"邛州英才"离开我市，或因个人原因未履行相关协议，或发挥作用不明显的，由用人企业向所在产业园区、行业主管部门书面说明情况，所在产业园区、行业主管部门报市人才办，经市人才工作领导小组审核后，取消其享受的相关待遇。

第七章　附　则

第十四条　激励所需经费从我市人才资源开发专项资金中列支。

第十五条　"邛州英才"同时符合享受本办法多项激励政策的，按就高原则执行，属于相同类别的不重复享受。

第十六条　对未纳入本办法范围的特殊人才及战略发展急需的创新创业人才（团队），可根据专家评审意见，由市人才工作领导小组按照"一事一议"原则研究决定。

第十七条　本办法自发布之日起试行，由市委负责解释，具体工作由市人才办承担。未尽事宜由市人才工作领导小组研究决定。

成都崇州现代农业功能区产业引导政务政策

为加快推动现代农业功能区建设，构建优质粮油产业生态圈，促进农商文旅体跨界融合发展，根据国家、省、成都市相关产业扶持政策，结合功能区实际，制定本政策。

一、适用范围

在我市现代农业功能区以合资、合作、独资、联营、参股、收购、兼并等各种方式投资，在崇州市注册具有独立法人资格，税收解缴在崇州，生产经营符合土地、安监、环保等要求的各类企业。

二、扶持政策

（一）科技创新类

1. 支持农业科技项目建设。在我市建设符合主导产业的国家级科技研发中心、工程技术研究中心、产学研联合实验室，获得国家级、省级奖励的，按照国家级、省级奖励标准给予1∶1配套奖励，奖励总额不超过200万元。

2. 支持发展高端种业。对引进优质种业集团、科研院校等，在崇州建立育种基地，选育适合我市种植的国颁一级优质杂交水稻品种，并完成种子审定工作，每个品种奖励200万元。

3. 支持水稻优质品种推广。重点支持具有推广应用前景，经审定适合崇州种植的国颁一级优质杂交水稻品种。优先支持优质、高抗、绿色品种推广，在崇州推广面积10 000亩以上，每个品种给予不超过100万元的资金补助。

4. 支持农业科技创新与成果转化。科研院校与经营主体开展院（校）企科技合作，推广应用合作科技成果面积达100亩以上，获得省级奖励的项目，市财政再给予10万元奖励；获得国家级奖励的项目，市财政再给予20万元奖励。

5. 支持种子研发实验室建设。国家重点种业企业、科研院校等单位，在崇州建设科研基地面积达100亩以上，用于科研育种或联合育种，开展提纯保纯、原种生产、制繁种配套技术研究与应用等，根据建设规模，每个项目按固定资产投入的20%，给予最高不超过200万元的补助。

6. 支持功能农产品研发推广。获得省级以上部门和机构认证，每研发一个功能农产品，种植面积100亩以上，给予1 000元/亩，最高不超过100万元的一次性补贴。

7. 支持农业大数据平台。国内外知名企业在我市建成互联互通、开放共享的大数据中心和管理中心，为政府、市场主体提供农情监测、农产品检测、市场预测、GIS数据库等农业大数据服务，按平台投资额30%给予最高100万元一次性补助。

（二）粮油产业提质增效类

8. 支持农业机器换人。对使用"高、新、特、优"农机具的经营主体，购置国家补贴目录内的，在购机补贴基础上追加补贴到50%；购置国家补贴目录外的，给予50%购机补贴。鼓励向经营主体购买农业社会化服务。

9. 支持开办崇州农产品展销馆。支持企业到国内大中城市、成都主城区及旅游景区开办崇州优质农产品展销馆。采用经农业主管部门许可的标识与店面设计，给予建设装修和品牌推广费用30%的补贴，每个门店最高不超过30万元，单个企业申报补贴总额不超过200万元。

10. 支持农产品品牌培育。对获得欧盟良好农业规范（GAP）的，给予50万元一次性奖励。对新获得"中国驰名商标""地理标志保护产品""农产品地理标志"等国家级品牌和中国良好农业规范认证的农产品，给予每个产品（项目）20万元的一次性奖励。对新获得"四川名牌"的农产品，每个给予10万元的一次性奖励。对新型农业经营主体获得绿色食品认证的，给予10万元一次性奖励。

11. 支持农业经营主体。对新晋升为成都市级、省级、国家级的农业产业化龙头企业的，分别给予10万元、20万元、50万元的一次性奖励。对新评为省级、国家级示范农民合作社的，分别给予10万元、20万元的一次性奖励。

12. 支持有机肥替代化肥。新建生物有机肥厂（车间），按固定资产投入的30%，给予最高不超过200万元的补助。在粮油生产中，应用有机肥替代化肥的经营主体，经验收符合要求的，给予有机肥价款30%补助，每亩最高不超过80元。

（三）农商文旅体融合类

13. 支持精品酒店、高端民宿、农村"厕所革命"、农家乐提档升级、乡村旅游景区（含A级林盘景区）、国家现代农业庄园、中国度假乡村、全国休闲农业与乡村旅游示范点、全国乡村旅游创客示范基地等建设。相关业主享受的扶持政策参照崇州市有关农商文旅体产业扶持政策执行。

14. 对获得省级、国家级田园综合体授牌的，分别给予一次性100万元、200万元奖励。

15. 鼓励创新创业平台建设。引导和鼓励建设创客空间、文创平台等，发展林盘新产业新业态，给予固定资产投资不超过30%的补贴，最高不超过200万元，依托平台集聚的新业态，不再享受相关政策补贴。

16. 鼓励引进举办大型体育赛事、休闲运动、航空运动等活动，承接举办国际级、国家级体育运动赛事、休闲运动、航空运动等活动，采取一事一议方式给予补贴。

（四）农产品深加工类

17. 支持农产品加工企业提质增效。实行农产品加工区空间换地、电商换市、机器换人、腾笼换凤、服务换活力"五换工程"，提升桤泉农产品加工区承载能力，重点发展优质粮油精深加工，推动粮油产业全环节升级、全链条增值。对加工企业购置国际国内领先设施设备给予不超过30%的补贴，最高不超过100万元。

18. 鼓励农产品加工企业转型发展。支持"农产品精深加工+文创"行动，对精深加工农产品向文创农产品转型发展的企业，给予文创策划、设计、营销等费用补贴。每个产品补贴最高不超过50万元。

三、管理与实施

（一）建立市领导联系重点项目制度，推进和服务项目建设。

（二）按"特事特办、急事急办、办即办好"原则为投资者提供优质服务。

（三）外来投资者及其专业技术人员、管理人员在职称评定、子女入学等方面按本市居民同等对待，其中农村户籍人员可按农村居民进城落户有关政策办理。

（四）崇州市级扶持政策不叠加和重复享受。

（五）实行"一企一策"的项目，按照与市政府签订的投资协议执行。

四、其他事项

（一）本办法自发布之日起执行，有效期两年；期间如有新的产业扶持政策出台，则执行新的政策。

（二）本办法发布前引进的企业，按原政策执行或原签订的投资协议执行。

（三）本办法由成都崇州现代农业功能区管委会负责解释。

金堂县关于促进产业发展的若干政策

为认真贯彻落实省第十一次党代会和成都市第十三次党代会精神，围绕成都建设全面体现新发展理念的国家中心城市的总体目标和实施"东进"战略的决策部署，加大产业扶持力度，加快产业转型升级，促进产业集聚发展，打造"成都制造"主战场，构筑都市现代农业新高地，建设成都近郊休闲旅游目的地和新兴文教基地，依据国家、省、市相关文件精神，结合我县实际，制定以下产业发展政策。

一、大力发展先进制造业

设立规模为300亿元的先进制造业发展基金，通过市场化方式，引导各类社会资金、金融资本，支持以通用航空、智能制造和节能环保产业为主的先进制造业发展。统筹财政资金30亿元，对落户的先进制造业项目给予专项扶持。

（一）加快主导产业发展

1. 突出主导产业招大引强

对新引进的通用航空产业、智能制造产业、节能环保产业、新能源汽车产业的行业领军企业、标杆企业，经认定后给予最高1亿元的资金扶持；对具有核心技术和关键零部件的研发制造，并对我县主导产业链中补链、强链环节有巨大推动作用的重大项目，给予最高5 000万元的资金扶持。

2. 集聚发展通用航空产业

对新入驻的通航整机、发动机生产企业，并取得国家型号合格证、生产许可证、适航许可证且落户金堂，在批量生产并下线交付后，给予最高5 000万元的奖励；对研制无人机、直升机、公务机等整机产品并实现首次销售的企业，执行首次销售合同后，按照销售合同金额的10%给予奖励，最高不超过1 000万元；对从事通用航空相关培训的服务性企业，给予最高不超过200万元的奖励。

3. 积极发展智能制造产业

对能够成台（套）整机装备研发生产，产品填补国内空白、实现进口替代，并在我县成功实现产业化的企业，给予最高500万元奖励；对认定为省级示范智能工厂、智能车间、智能制造装备项目的企业，给予200万元一次性奖励；对认定为国家级示范智能工厂、智能车间、智能制造装备项目的企业，给予400万元一次性奖励。

4.壮大发展节能环保产业

对企业研发生产的节能环保新技术、新产品、新装备，首次进入省级及以上节能产品、节能装备目录的，经认定后按照企业上年度销售收入的1%给予一次性奖励，单户企业最高奖励不超过500万元；对经认定在金堂县专业从事节能环保产业生产性服务业的企业，从其年入库税额首次达到100万元后的3个年度内，以企业对地方实际贡献年新增部分的50%给予奖励，单户企业当年奖励最高不超过200万元。

5.加快发展新能源汽车产业

对新入驻的新能源汽车企业，在取得国家规定的新能源汽车生产资质，列入国家统一的"新能源汽车推广应用工程推荐车型目录"且落户金堂，批量生产并下线交付后，给予最高不超过6 000万元的奖励；对新能源汽车进行配套的生产动力电池、电机及电控系统等新能源汽车关键零部件生产等重大项目落户金堂，批量生产并下线交付后，给予最高不超过5 000万元的扶持；对本地新能源汽车整车企业采购本地生产的动力电池、电机及电控系统等关键零部件，本地年采购额在1 000万元以上且本地配套率达到20%以上的，以上年度为基数，本地采购额每提高10%给予30万元的奖励，最高奖励不超过300万元。

（二）支持项目多投快建

1.加快推进项目建设

对新引进协议投资在1亿元及以上5亿元以下、5亿元及以上10亿元及以下的先进制造业重大项目，按企业投入、产出强度分别给予最高不超过2 000万元、4 000万元的固定资产投入补助；对新引进协议投资10亿元（或1亿美元）及以上的重大项目和新经济、高新技术类项目，项目公司按约定时间实缴注册资本金（不低于协议投资额的10%）和开工建设的，按照不高于固定资产实际投入的20%给予补助；对符合成都市重大项目考核口径的可根据项目实际情况给予厂房代建支持；对厂房采用洁净车间的生产性项目，经行业标准认定后，按照最高不超过1 000元/平方米给予补助，且最高补助面积不超过1万平方米。

2.加大工业厂房租赁补贴

对以轻资产投入为主、技术含量高、市场前景好的新经济项目和高新技术类企业，需要租用房屋的，前5年可给予最高不超过100%的房屋租金补贴；对征地建厂项目，需要租赁过渡用房的，前3年可给予最高不超过100%的房屋租金补贴。

（三）促进企业发展壮大

1. 培育大企业大集团

对首次入围成都市企业100强、四川省100强、中国民企500强、中国500强、世界500强的企业，分别给予企业经营者100万元、200万元、300万元、500万元、1 000万元的一次性奖励。

2. 促进企业发展上台阶

工业企业从投产次月起，年销售收入在1亿元及以上3亿元以下的企业，按前3年销售收入的4%且不超过对地方实际贡献的80%给予奖励；年销售收入在3亿元及以上10亿元以下的，按前3年销售收入的4.5%且不超过对地方实际贡献的90%给予奖励；年销售收入在10亿元及以上的，按前3年销售收入的7.5%且不超过对地方实际贡献的100%、后2年销售收入的2.5%且不超过对地方实际贡献的50%给予奖励。

3. 降低企业流通成本

对我县上一年度相互采购产品（服务）采购额达到500万元以上且无关联关系的企业，按采购额的5‰给予奖励，以后年度按采购额增加部分的5‰给予奖励，单户企业奖励最高享受5年，总额不超过500万元。对年销售收入在5亿元及以上的生产性企业，按照年物流运输费用总额的20%比例给予补贴，累计补贴不超过3年，总额不超过300万元。

4. 拓宽企业融资渠道

对入驻工业园区的企业，可享受IPO上市"即报即审"绿色通道。对当年在国内新三板、创业板、中小板、主板和境外成功上市的企业，分别给予30万元、40万元、50万元、100万元、200万元一次性奖励；鼓励企业债券融资，对成功发行企业债券、中期票据、集合票据、短期债券等债务融资的企业，按中国人民银行当期贷款基准利率的50%给予贴息，每年贴息额度不超过1 000万元，贴息期限不超过3年；鼓励企业融资租赁，企业通过融资租赁1 000万元及以上设备的，对其租赁费按中国人民银行当期基准贷款利率的50%给予补助3年，每年补助金额不超过租赁物原值的10%，且累计补助不超过200万元。

5. 鼓励园外企业入园发展

对本县园外企业调迁入园区发展的，入园后年销售收入达到2 000万元以上5 000

万元以下的，全面达产后给予一次性补助30万元，年销售收入在5 000万元以上2亿元以下的，达产后给予一次性补助50万元，年销售收入在2亿元以上的，达产后给予一次性补助100万元，且补助金额不超过企业当年对地方实际贡献的100%。对正式达产后，亩均产值、税收两项指标均首次达到签约时入园标准两倍及以上的项目，可在已享受原固定资产投资补助的基础上，可按原固定资产投资再给予最高不超过5%补助。

（四）鼓励企业创新发展

1.支持项目开展技改升级

符合金堂县产业发展规划，经投资主管部门技术改造备案认定，固定资产投资500万元及以上，当年实际投资进度过半或竣工投产项目，按照项目实际固定资产投入的5%给予补助，最高不超过1 000万元。支持实施企业智能化升级工程，企业对生产线进行智能化技术改造，采购机器人、智能制造成套装备和系统集成应用软件的，按软、硬件投资总额的5%给予补助，最高补助不超过300万元。

2.强化企业品牌创建

对新获得四川省名牌产品，给予30万元一次性奖励；对新获得国家地理标志或中国驰名商标的企业，给予50万元一次性奖励；对新获"成都市市长质量管理奖""四川省天府质量奖""中国质量奖"的企业，分别给予20万元、30万元、40万元的一次性奖励。对首次认定的国家高新技术企业，给予20万元的一次性奖励，对复审认定的国家高新技术企业，给予10万元的一次性奖励。

3.努力拓展国际市场

对并购国际品牌，引进或合作开发国际先进技术的企业，按其实际资金支出的30%给予奖励，最高不超过200万元；对当年实现出口额达到200万～500万美元（含下限，下同）、500万～1 000万美元、1 000万～2 000万美元、2 000万～3 000万美元、3 000万～5 000万美元、5 000万～1亿美元、1亿美元及以上的生产性企业，分别奖励企业经营者人民币5万元、10万元、15万元、20万元、30万元、50万元、100万元；对实现首次出口实绩且年度出口额达到100万美元的外贸生产企业，给予企业经营者人民币5万元的一次性奖励。

二、加快发展都市现代农业

设立规模为50亿元的都市现代农业发展基金，通过市场化方式引导各类社会资金、金融资本，构建以食用菌、油橄榄、水果（晚熟柑橘）、黑山羊为主，以蔬菜、伏季水果（青脆李等）、特色水产为补充的"4+N"现代农业产业体系。统筹财政资金15亿元，对重点项目、重要产业等给予专项支持。

（一）鼓励引进食用菌智能化生产和精深加工项目

对总投资2亿元及以上的食用菌智能化生产和食用菌精深加工项目，按不超过固定资产投入的20%给予一次性奖励；对企业通过银行用于基础设施建设和生产经营的贷款，按中国人民银行当期贷款基准利率给予贷款主体第一年不超过80%、第二年不超过50%、第三年不超过30%贴息，单户企业以上两项扶持当年奖励金额最高不超过4 000万元。

（二）鼓励引进现代化油橄榄基地项目

对总投资2亿元及以上，成片发展油橄榄基地5 000亩（含）以上，实施包括橄榄果加工、精华素、橄榄茶、医药保健品、美容化妆品等油橄榄精深加工项目，按不超过固定资产投资的20%给予一次性奖励，单户企业当年奖励金额最高不超过3 000万元。

（三）鼓励引进柑橘原产地现代物流中心项目

对总投资2亿元及以上的具有国际一流、国内领先水平的水果光电检测分选设备，能实现全程自动化操作，每小时加工量100吨以上，且鲜果保鲜气调库单期储量1万吨以上的新建柑橘原产地现代物流中心项目，按不超过固定资产投资的20%给予一次性奖励，单户企业当年奖励金额最高不超过2 000万元。

（四）鼓励引进黑山羊精深加工项目

对黑山羊精深加工、营销一体化项目，固定资产投资额度达到5 000万元，且年销售额首次达到1亿元及以上3亿元以下的，给予不超过年销售额6%的一次性奖励；年销售额首次达到3亿元及以上5亿元以下的，给予不超过年销售额8%的一次性奖励；年销售额首次达到5亿元及以上的，给予不超过年销售额10%的一次性奖励，单户企业当年奖励金额最高不超过2 000万元。

（五）支持综合性产业园区建设

支持企业参与建设我县或成都市规划区域内的农业综合性产业园区，对企业参与园区"七通一平"建设部分（不含通过与政府合作的PPP、EPC等建设模式），按照实际投入给予最高不超过50%补助；对园区建设占用土地给予最高不超过2年土地流转费补助，该项政策补助每年控制额度为1亿元。

（六）鼓励引进其他农业项目

在我县新注册设立或新引进的重大企业，发展产业符合我县农业主导产业规划且市场竞争优势强。实缴注册资本5亿元（含）以上的，按实缴注册资本给予不超过3%补助；实缴注册资本1亿元及以上5亿元以下的，按实缴注册资本给予不超过2%补助，单户企业当年补助最高不超过1 500万元。项目总投入在2亿元以上的，按不超过实际固定资产投入的20%给予一次性补助；2亿元以下1亿元以上（含），按不超过实际固定资产投入的15%给予一次性补助，单户企业当年补助不超过7 500万元。

三、提升发展现代服务业

设立规模为50亿元的现代服务业发展基金，通过市场化方式引导各类社会资金、金融资本重点支持文化教育、旅游度假、体育康养，以及生产性和生活性服务业发展。统筹财政资金10亿元，对落户的现代服务业项目给予专项扶持。

（一）加快发展生产性服务业

1. 鼓励新引进总部及区域总部

新注册设立或新引进的税收关系在我县的总部企业，实缴注册资本5亿元及以上的，按实缴注册资本给予不高于3%的补助；实缴注册资本1亿元以上的，按实缴注册资本给予不高于2%的补助；实缴注册资本1 000万元以上的，按实缴注册资本给予不高于1%的补助。单户本项累计补助金额最高不超过5 000万元。经认定的本地现有总部企业，注册资本首次增资超过3 000万元的，就增量部分分类参照享受补助政策；项目投运3年内，对自持比例不低于50%的总部经济企业，按每年在我县实际投入的3%给予补助，累计最高不超过5 000万元；对入驻的总部型企业租用园区办公用房的，按前期初装实际费用的30%给予补助。前3年全额补贴租金及物管费，后2年减半补贴租金和物管费。单个总部型企业享受补贴面积不超过500平方米（享受补贴的用房不得转租或改变用途）；总部型企业从纳税次月起，年销售收入在1亿元及以上3亿元以下的企业，按前3年销售收入的4%且不超过对地方实际贡献的80%给予奖励；年销售收入在3亿元及以上10亿元以下的，按前3年销售收入的4.5%且不超过对地方实际贡献的90%给予奖励；年销售收入在10亿元及以上的，按前3年销售收入的7.5%且不超过对地方实际贡献的100%、后2年销售收入的2.5%且不超过对地方实际贡献的50%给予奖励。

2. 支持发展电子商务

对全球排名前50、国内排名前10的各跨境电商平台，在我县注册设立运营结算中心的，分别给予最高不超过100万元、50万元一次性补助；对自主搭建电子商务平台的企业，按照技术平台建设费用的50%，给予最高不超过100万元的一次性补助；对年销售额达5 000万元及以上的应用型电子商务企业，按照销售额的1%一次性给予最高不超过100万元的奖励；对经评审认定的县级创新型电子商务企业、项目，按照销售额1%分别一次性给予每个企业、项目最高不超过50万元的奖励。

3. 加快发展现代物流

对新引进协议投资5亿～10亿元（含5亿元），自正式签订土地出让合同之日起6个月内开工建设的现代服务业项目，按照不高于固定资产投入的15%给予补助；投资10亿元及以上，自正式签订土地出让合同之日起6个月内开工建设的现代服务业项目，按照不高于固定资产投入的20%给予补助；对在我县注册，并经淮口火车站（国际铁路港第二场址）进出以及中转的铁路货物承揽企业，年货运量达2万标箱或40万吨以上，给予企业20万元奖励；对新引进的货物贸易型企业，自工商注册之日起一年内，年销售收入达到500万元、1 000万元、2 000万元以上的，分别给予10万元、20万元、30万元一次性奖励；对新引进的服务贸易型企业，自工商注册之日起一年内，年营业收入达到100万元、200万元、500万元以上的，分别给予10万元、20万元、30万元一次性奖励。对引进电商寄递企业在我县设立西南区域总部的，给予最高不超过200万元一次性奖励；支持"蓉欧+"战略，鼓励外贸、产能转移，按成都市相关政策给予1∶1配套补贴；对新建、改造生鲜农产品冷链物流设施1 000吨及以上的企业，按照固定资产投入的30%给予一次性最高不超过200万元的奖励；物流企业从投产次月起，年销售收入在1亿元及以上3亿元以下的企业，按前3年销售收入的4%且不超过对地方实际贡献的80%给予奖励；年销售收入在3亿元及以上10亿元以下的，按前3年销售收入的4.5%且不超过对地方实际贡献的90%给予奖励；年销售收入在10亿元及以上的，按前3年销售收入的7.5%且不超过对地方实际贡献的100%、后2年销售收入的

2.5%且不超过对地方实际贡献的50%给予奖励。

（二）大力发展文旅产业

1. 促进旅游业提档升级

支持重大旅游项目建设，对重大旅游项目按照不高于固定资产投入的15%给予补助；支持低空旅游、水上旅游、精品乡村旅游等新业态项目，充实旅游产品供给，对纳入县级年度工作计划的，按项目建设经费的10%给予最高不超过2 000万元补助；在天府水城文旅康养集聚区、龙泉山城市森林公园（金堂段）、资水河乡村旅游精品示范带等区域的旅游项目区内新建停车场、游客中心、游步道、标识系统等旅游设施，按投资建设经费的20%给予最高不超过300万元补助；对成功创建国家级旅游度假区、国家5A级旅游景区的给予1 000万元的一次性奖励，对成功创建国家4A级旅游景区的给予600万元的一次性奖励。对成功创建国家生态旅游示范区的给予200万元的一次性奖励，对成功创建国家中医药健康旅游示范区、国家中医药健康旅游示范基地、国家中医药健康旅游示范项目的给予一次性奖励；鼓励创建特色旅游小镇，对纳入全县培育计划的文创旅游、体育旅游、康养旅游、农业旅游等主题旅游小镇的乡镇，连续3年每年给予200万的专项产业扶持资金；对成功创建国家级旅游特色小镇的乡镇，给予500万元的一次性奖励。

2. 大力发展文化产业

对国际、国内知名文化创意企业、品牌音乐领军企业，在金堂注册设立区域总部并运营的，分别给予最高不超过1 500万元、1 000万元的一次性补助；县内文化创意商品生产、工艺、设计等在国家、省、市比赛中获奖，经评审认定，分别给予获奖企业（个人）30万元、20万元、10万元的一次性奖励，同一产品获奖按最高级别奖励；推进音乐、影视相关发展，鼓励社会团体、专业机构在我县开展音乐、影视相关活动。对举办报经金堂县政府批准的具有全国影响力的各类音乐、影视相关比赛，每场给予不超过300万的专项补助；对举办报经金堂县政府批准的具有全国影响力的音乐、影视相关盛典活动，每项活动给予不超过600万的专项补助；通过升级改造旧村落或投资新建等方式建设的文化创意产业集聚区，被评为国家级文化产业示范园区（基地），按照固定资产投入的30%给予最高不超过2 000万元的一次性补助；对投资自建非国有博物馆且正常开放6个月以上的，分别给予基建和陈列布展（不含文物）补助（其中，基建补助按其基建总投资额的30%给予一次性补助，最高不超过500万元；陈列布展补助按其陈列布展固定资产投入的30%给予一次性补助，最高不超过300万元）；支持应用技术类型高校和职教院校到我县办学，对新开办院校（含因生源增加需扩建的驻县高校）给予不高于其投资总额40%的补助，对当年排名全球前500名的高校给予不高于其投资总额50%的补助；对职业院校创建国家级高技能人才培训基地、国家职业技能鉴定机构、打造全国重点职教专业的，分别给予最高不超过1 000万元、500万元、300万元一次性奖励；非物质文化遗产项目进行产业化开发并取得较好的社会和经济效益，经评审认定，按照项目开发费用的50%的给予开发单位（个人）一次性补贴，最高不超过50万元；对年初向县文旅局申报且经县委、县政府批准纳入全县统筹管理的文体旅游节庆活动，以国家部委、省委省政府、市委市政府名义举办的，按照"一事一议"进行补助；以县委县政府名义举办的，给予35万元的一次性补助；以县级部门或乡镇名义举办的，给予15万元的一次性补助。

（三）积极发展体育和康养产业

1. 推动体育产业品牌化发展

对总投资5 000万元、3 000万元、1 000万元及以上建成经营的体育产业项目，分别按照总投资的10%、8%、6%给予补助，最高不超过800万元；对社会力量承办一项国际体育赛事给予最高不超过100万元的补助，承办一项国家级赛事给予最高不超过50万元补助（国际体育赛事和国家级体育赛事，需经县政府同意，并取得国家体育总局等相关部门批文）；被命名为国家级、省级、市级体育产业示范园区（集聚区或示范基地），分别给予100万元、50万元、20万元的一次性奖励。被命名为国家、省、市运动休闲小镇，分别给予300万元、200万元、100万元的一次性奖励。被命名为国家、省、市体育用品制造（服务）示范企业，分别给予80万元、40万元、20万元的一次性奖励。

2. 促进康养产业规模化发展

社会资本投资新办以医疗为主的健康养老复合机构，三级水平以上的综合医院、专科医院按总投资（不含医疗设备）的25%以内给予资金扶持；鼓励医疗机构提档升级，二级综合医院升为三级乙等、甲等医院分别给予200万元、500万元一次性奖励，二级专科医院升为三级乙等、甲等医院分别给予100万元、200万元一次性奖励；对达到国家、省、市级医疗重点专科分别给予200万元、100万元、30万元一次性奖励；对社会力量投资举办高端医养型、护理型、宁养型等养老机构的给予每张床位3万元的一次性建设补助；对开展为老服务在全省、全国树立典范效应的集团、企业或社会组织，给予最高不超过500万元的奖励。

（四）均衡发展生活性服务业

支持现代服务业重大项目（除总部经济项目和文体旅项目外）发展。对新引进协议投资5亿～10亿元（含5亿元），自正式签订土地出让合同之日起6个月内开工建设的现代服务业项目，按照不高于固定资产投入的15%给予补助；投资10亿元及以上，自正式签订土地出让合同之日起6个月内开工建设的现代服务业项目，按照不高于固定资产投入的25%给予补助；对在我县正式运营一年的全球或国内知名酒店管理集团（或使用其酒店品牌），分别给予50万元、20万元的一次性奖励。新评为国家五星级、四星级旅游饭店，分别给予300万元、100万元一次性奖励，三年一次的评定性复核通过后，每次分别奖励20万元、15万元；对引进世界排名前十的酒店管理公司进驻并成立独立核算法人企业的，给予酒店引资入驻的个人最高不超过50万元一次性奖励；对县内新开业在我县登记注册为独立法人，年销售额达到6 000万元，连续2年销售额同比增长10%并纳入限额以上企业统计的商超，给予企业最高不超过50万元一次性奖励；对前2个在淮州新城落地、面积在5万平方米以上，且引进世界知名零售或商运企业，注册为独立法人统一运营统一收银的纯商业综合体的投资业主，给予最高不超过100万元一次性奖励；对县内登记注册的独立法人企业获评年度全国连锁经营百强的，给予最高不超过100万元支持；对完成智慧商圈打造的实施主体，给予最高不超过80万元一次性奖励；对当年被评为省级、市级服务业重大项目的项目负责人，分别给予最高不超过50万元、30万元的一次性奖励。

四、加强各类要素保障

（一）加强人才和科技支撑

1. 鼓励各类人才创新创业

对国家人才计划（"千人计划""万人计划"）专家、"两院"院士等领军人才创办或入股的企业，且持股比例不低于30%（或创新成果在我县转化应用）的，前5年按企业销售额的1.5%且不超过对地方实际贡献的50%给予资助，累计金额不超过5 000万元；对带技术、带项目在我县领办企业的国家人才计划（"千人计划""万人计划"）专家、"两院"院士等创新创业领军人才，企业投产达效后给予本人最高不超过300万元一次性资助；对聘用外籍专家的优质项目（外籍专家需全职服务于金堂企业），可享受每年50%的住房租金补贴；鼓励高层次人才离岸创新创业，对于具有一定技术实力或经济规模的企业，在海外设立的技术研发中心或分支机构，经评审认定后，可授予"成都金堂海外人才离岸创新创业基地"称号，一次性给予50万元建站资助，根据基地运营情况，经考核按优秀、合格不同等次，每年分别给予30万元、10万元的运营补贴。

2. 加强创新创业载体建设

对设立的院士工作站，获批国家级示范工作站给予不超过500万元的一次性资助，获得省级认定的给予不超过100万元一次性资助，获得市级认定的给予不超过50万元一次性资助；对新认定的国家、省、市产业技术研究院、企业技术中心、工程技术中心、技术转移机构等创新创业载体，分别给予100万元、50万元、30万元一次性资助；农业企业成立产业技术研究所，建成后给予20万元一次性补助；对高层次人才在我县创（领）办国家级、省级、市级名师工作室、名中医工作室的，分别给予一次性资助100万元、50万元、20万元，同时每年给予5万元至20万元运行经费补助；领（创）办的国家级、省级、市级技能大师工作室，分别给予5万元、3万元、1万元一次性资助，同时每年给予1万元运行经费补助。

3. 加快科技创造成果转化

对创新成果获得国外专利授权，给予每件最高不超过3万元补助；获得国内专利授权给予每件最高不超过1万元补助；评定为市级及以上科学技术奖，按其获奖金额进行1：1配套奖励，市级科学技术奖最高不超过20万元、省级科学技术奖最高不超过50万元、国家科学技术奖最高不超过500万元；对新建产学研联合实验室并获得认定的企业，给予一次性30万元补助；对引进高校、科研院所科技成果进行转化，按技术合同金额的3%给予补助，单个企业每年补助金额不超过500万元。

（二）保障项目用地需求

在符合土地利用总体规划、城乡规划和产业规划的条件下，优先保障重大产业化项目用地。积极推进工业项目"弹性年期出让"的供地模式，实行差别化供地，满足不同工业项目用地需要。推进土地节约集约利用，新建工业厂房建筑面积经批准高于容积率控制指标的部分，在不改变土地用途的前提下，不再增收土地价款。盘活农村集体建设用地，参与产业发展。

（三）强化能源要素保障

对自行建成和使用双电源、并已缴交高可靠供电费用的规上企业，按企业缴交高可靠供电费用的10%给予最高不超过150万元补助；对自建35千伏及以上专用变电站的规上企业，按建设投入的10%给予最高不超过100万元补助；对开通管道天然气并开展配套燃气基础设施建设的园区内工业企业，按建设投入的20%给予最高不超过20万元的一次性补助；对年度网购大工业用电量在600万千瓦时及以上的优质企业（高新技术企业在300万千瓦时及以上），优先纳入成阿工业区留州电量政策申报范围。

五、附则

（一）对特别重大项目，采用"一事一议"予以扶持。

（二）已发布的产业政策与本政策不一致的，就高不就低、不重复享受。

（三）本政策自发布之日起施行，有效期五年。

蒲江县关于进一步加强人才激励若干措施的意见

为深入贯彻落实"不唯地域、不求所有、不拘一格"的新人才观，吸引和聚集一批高层次人才来蒲创新创业，激发和释放人才活力，发挥人才在"美丽蒲江·绿色典范"建设中的支撑示范作用。根据《关于创新要素供给培育产业生态提升国家中心城市产业能级若干政策措施的意见》（成委发〔2017〕23号）和《成都市实施人才优先发展战略行动计划》（成委办〔2017〕23号）精神，结合蒲江实际，制定如下意见。

一、非公企业人才激励措施

（一）中德（蒲江）中小企业合作区专项人才

1.德、美、英、法、澳、意等外籍高层次人才或自带德国（欧洲各国）等国核心产业技术的国内高层次人才新到中德（蒲江）中小企业合作区创办企业（持股比例不低于30%），且固定投资额不少于100万美元，可免费入驻中德（蒲江）中小企业合作区创业孵化平台，给予最高300万元综合资助。

2.45岁以下全日制大学本科及以上学历毕业的德语、英语、法语、意大利语、捷克语等外语专业毕业生，或德、美、英、法、澳、意等外籍在华留学生，或在德、美、英、法、澳、意等国留学回国人员，新到中德（蒲江）中小企业合作区工作，给予博士研究生每人最高20万元、硕士研究生每人最高10万元、本科生每人最高6万元的"人才津贴"。

（二）高层次创业人才

1.国内外顶尖人才、国家级领军人才、地方领军人才及团队到蒲新创办或领办（持股比例不低于30%）企业，经评审，可给予最高500万元、300万元、200万元的创业启动资金；自企业注册年度起，前3年累计给予最高100万元办公场所房租补贴。在世界500强或国内100强企业工作5年以上的高管、核心技术团队到蒲创办企业，经评审，可给予最高100万元创业启动资金；自企业注册年度起，前3年累计给予最高50万元办公场所房租补贴。

2.新到蒲创新创业或经本县组织申报推荐成为国内外顶尖、国家级领军、地方领军人才（团队）和成都市优秀人才培养计划人才、市级及以上创业新星等，在享受上级人才资助资金的同时，按照所获上级资助的最高标准给予最高1∶1比例配套资助。

3. 蒲江籍在外优秀人才回蒲新创办企业，固定投资额不少于5 000万元，企业投产达效后，给予最高100万元的"回乡创业"人才奖励。

4. 到蒲新注册公司，并领办（创办）农业高新科技园，固定投资额不少于1 000万元，给予创办人最高20万元的奖励。

（三）经营管理人才

现有规模以上工业企业、高新技术企业、限额以上批零住餐企业、规模以上服务业企业、4A级及以上景区运营公司年薪在50万元以上，或现有市级及以上农业龙头企业年薪在30万元以上的高管人员，在蒲缴纳个人所得税，按照个人县级经营贡献的50%，给予每人每年最高200万元奖励（每个企业不超过3人）。企业高管同时符合《蒲江县人民政府关于印发促进三次产业发展若干意见的通知》政策的，不重复享受。

（四）高技能人才

1. 本县企业员工获得"中华技能大奖""全国技术能手""四川技能大师"和"四川省技术能手"称号的，按照级别给予每人最高30万元、20万元、10万元的一次性奖励。开展企业职工技能大赛，每2年评选一批"蒲江工匠"，给予每人最高2万元的一次性奖励。

2. 本县工业企业新引进或新培育的高级工、技师、高级技师，分别给予每人最高3万元、6万元、9万元的"人才津贴"，与市级安家补贴不重复享受。

3. 本县培训机构、公共实训基地、企业技能培训中心、农业职业经理人实训基地，被新认定为国家、省、市级技能人才（农业职业经理人）培训基地，分别给予最高100万元、50万元、10万元的一次性资助。技能领军人才新领（创）办国家、省、市级技能大师工作室，分别给予10万元、5万元、3万元的一次性资助。

4. 对符合条件的企业在职职工，通过职业培训新取得技师、高级技师职业资格证书的，给予企业或承训机构最高6 000元每人的一次性职业培训补贴。

（五）高级专业技术人才

本县企业新引进或新培育的正高级、副高级专业技术职称人才，分别给予每人最高18万元、9万元的"人才津贴"，与市级安家补贴不重复享受。

（六）高学历企业人才

本县企业新引进取得毕业证和学位证的全日制博士研究生、硕士研究生，分别给予每人最高18万元、9万元的"人才津贴"。

（七）企业柔性人才

鼓励本县企业与高校（科研院所）高层次人才开展技术攻关、成果转化、科技研发、技术创新等项目合作，合作项目通过国家、省、市评审并得到项目资金支持的，给予企业最高30万元扶持，主要用于研发团队人员工作生活补贴和项目开发。

（八）创新研发人才

对发明创造获得专利的个人（团队），按其类别、级别和获奖情况，给予最高15万元的一次性奖励。引进或新获批国家、省、市级重点实验室、工程技术研究中心、企业技术中心、产学研联合实验室、院士（专家）工作站、工程研究中心、工程实验室等研发机构，经审批给予最高20万元的一次性资助。

（九）招商引资人才

设置人才引进"伯乐奖"，对新引进国内外顶尖、国家级领军、地方领军人才带项目来蒲创新创业起到关键作用的企业、中介组织或个人，给予最高20万元的一次性奖励。

二、农业人才激励措施

（十）高级农技人才

本县农林局或乡镇（街道）农林站新引进或新培育从事农业技术服务的农业专业高级技术职称人才，给予每人最高1万元的一次性奖励。

（十一）农业科技人才

农业科技人才在蒲牵头新建立产业专家工作室并开展具有重大意义的农业课题研究，经评审认定，每个课题给予主研人最高20万元的课题经费资助。

（十二）农村实用人才

通过本县申报，新评定为农民高级技师的农村实用人才，给予每人1万元的一次性奖励；新评定为成都市十佳农业职业经理人的，给予每人2万元的一次性奖励。每2

年开展猕猴桃、柑橘等种植评比大赛和"蒲江雀舌"手工制茶比赛，评选一批"蒲江果匠""雀舌传人"，给予每人最高2万元的一次性奖励。

（十三）农村电商人才

全日制大学本科学历且获得相应学位，在获得县级及以上农村电商扶持政策企业工作1年以上的高级运营人才，给予每人最高1万元的奖励（每个企业每年限报1人）。

三、教育人才激励措施

（十四）高层次教育人才

本县中小学、幼儿园、AHK职教培训中心、KUKA机器人研究院等新引进或新培育的省市（地州）特级教师、省市优秀青年教师、教育类正高级专业技术职称人才，给予每人最高18万元的"人才津贴"。在蒲新创（领）办国家、省、市级名师工作室的高层次教育人才，分别给予每人最高50万元、20万元、10万元的一次性资助。

（十五）教育"双师型"人才

在县职业中学（技工学校）、AHK职教培训中心、KUKA机器人研究院等任教，获技师及以上技能等级资格证书的"双师型"人才，给予每人最高9万元的"人才津贴"。

（十六）高学历教育人才

本县中小学、幼儿园、AHK职教培训中心、KUKA机器人研究院等新引进全日制研究生学历且获得相应学位的人才，分别给予博士研究生每人最高10万元、硕士研究生每人最高5万元的"人才津贴"。在职取得硕士及以上学位的研究生，给予每人最高1万元的一次性资助。

（十七）教育学科带头人

本县中小学、幼儿园、AHK职教培训中心、KUKA机器人研究院等新引进或新培育的教育专业省市（地州）学科带头人，分别给予每人最高10万元、5万元的"人才津贴"。

四、卫计人才激励措施

（十八）卫计专业技术人才

本县公办医院（含疾控中心）新引进或新培育的卫生专业正高级、副高级的专业技术职称人才，分别给予每人最高18万元、9万元的"人才津贴"。在蒲新创（领）办国家、省、市级名（中）医工作室的高层次卫生专业人才，分别给予最高50万元、20万元、10万元的一次性资助。

（十九）高学历卫计人才

本县公办医院（含疾控中心）新引进医疗卫生专业全日制研究生学历且获得相应学位的人才，分别给予博士研究生每人最高10万元、硕士研究生每人最高5万元的"人才津贴"。

（二十）卫计学科带头人

本县公办医院（含疾控中心）新引进或新获评卫生专业省市学术技术带头人、省市学术技术带头人后备人选，分别给予每人最高20万元、10万元的"人才津贴"。

（二十一）卫计创新人才

本县公办医院（含疾控中心）卫生专业人才在蒲开展卫生科研课题研究，被列为省、市科研课题的，每个课题分别给予主研人最高10万元、5万元的课题经费资助。

（二十二）卫计柔性人才

本县公办医院新聘请外县卫生类高级专业技术职称人才（团队）到蒲开展医疗服务，按照协议金额的50%，给予医院最高10万元的补助，用于补贴签约人才（团队）待遇。

五、行政事业人才激励措施

（二十三）高学历党政人才

本县行政事业单位新引进的全日制研究生学历且获得相应学位的人才，分别给予博士研究生每人最高10万元、硕士研究生每人最高5万元的"人才津贴"。在职取得硕士及以上学位的研究生，给予每人最高1万元的一次性奖励。

（二十四）急需紧缺人才

围绕"三大攻坚"和重大项目需求，政府面向社会聘请的急需紧缺高层次人才，经县人事工作领导小组研究决定，给予20万～50万元的年薪。

（二十五）专家顾问

围绕全县中心工作，礼聘一批专家，组成政府专家智囊团，为经济社会发展提供技术指导，聘请方案由县人才工作领导小组研究决定。

六、文化体育人才激励措施

（二十六）文化艺术高端人才

新到蒲创新创业就业或经我县成功申报的文化部优秀专家、全国省市宣传文化系统"四个一批"人才、国家级文化类行业协会主办评奖活动主要奖项获得者等文化艺术高端人才，给予每人最高30万元的"人才津贴"。新获得国家、省、市级非物质文化遗产传承人称号，并在蒲创新创业的，按照级别分别给予每人最高10万元、5万元、3万元的"人才津贴"。

（二十七）文化创意产业高端人才

新到蒲创新创业就业或经我县申报新获得的中国省市工艺美术大师、中国职业教育资格认证中心认定的二级及以上会展策划师，给予每人最高20万元的"人才津贴"。近5年在国际、国内重要创意设计评奖中银奖以上获得者新到蒲创新创业，或经我县申报在国际、国内重要创意设计评奖中银奖以上获得者，给予每人最高20万元的"人才津贴"。

（二十八）体育人才

国家级教练员、国际级运动健将、高级教练员、运动健将、一级运动员，新到蒲创办体育培训机构并开展体育培训，或到本县中小学任教的，给予每人最高20万元的"人才津贴"。

七、社工人才激励措施

（二十九）专业社工人才

与本县社会工作有关企业或机构新签订1年以上用工协议，并每年在蒲从事社工工作半年以上的初级、中级、高级持证社工人才，分别给予每人每年1 000元、3 000元、8 000元的补助［不含村（社区）干部］。

（三十）社会组织领军人才

在蒲登记注册的行业协会商会类、科技类、公益慈善类、城乡社区服务类社会组织达到成都市5A级标准的，给予社会组织法定代表人5万元的一次性奖励。

八、人才开发示范引领措施

（三十一）蒲江杰出人才

每3年选拔评选一批在蒲创新创业5年以上，且具有突出业绩或在经济社会发展中具有突出贡献的人才，授予"蒲江杰出人才"荣誉称号，给予每人最高20万元的一次性奖励。

九、人才配套措施

（三十二）人才住房保障政策

1. 在县城、寿安镇以及产业园区修建、储备一批高品质人才公寓和产业园区配套住房，面向人才租住或出售。

2. 特别优秀人才可申请免费入住高品质"人才公寓"，连续在蒲工作10年后，视其贡献可取得入住的"人才公寓"住房产权。

3. 新引进和培育人才，按人才类别、层次，可申请入住120平方米、90平方米、60平方米的"人才公寓"。入住"人才公寓"满5年后，可申请按入住时的市场价格购买，购房后5年内不得出售。原享受人才住房补贴、安家补贴人才不重复享受"人才公寓"入住和购买政策。

4. 45岁以下全日制大学本科及以上学历且获得相应学位的优秀毕业生，新到蒲落户或原户籍在蒲，且工作满3年以上，其购买首套自用住房，给予购房款1%的补贴，最高不超过1万元；新到（回）蒲创业就业，可申请产业园区配套住房；到蒲求职，可提供青年人才驿站，7天内免费入住。

（三十三）人才适龄子女入学（入园）

享受激励政策人才的适龄子女，就读本县义务教育阶段学校或幼儿园，由县教育局统筹安排，予以保障。

（三十四）人才医疗待遇

国内外顶尖人才、国家级领军人才、地方领军人才、"蒲江杰出人才"，可享受专家门诊、免费体检等医疗服务。

（三十五）人才综合服务

外籍高层次创业人才、国内外顶尖人才、国家级领军人才、地方领军人才在蒲创新创业的，自创办企业（正式入股企业）或项目签约起3年内，可由政府为其个人配备人才服务专员，为企业人才提供全方位的"保姆式"服务。搭建蒲江人才发展促进会、青年人才之家等人才交流平台，举办人才沙龙等活动，为人才提供良好的服务。

十、组织保障措施

（三十六）加强组织领导

完善县委统一领导、组织部门牵头抓总、有关部门密切配合、社会力量广泛参与的人才工作机制。各职能部门及时拟制相应人才激励政策实施细则，并经县人才工作领导小组会议审议通过后印发实施。

（三十七）加强资金保障

县财政每年安排5 000万元人才专项资金，用于各类人才的引进、资助、扶持、激励，对资金使用过程中的违规违纪行为，将严肃问责，切实强化资金使用效率。

（三十八）营造良好氛围

开展人才表彰大会、人才交流座谈会、人才招聘会等活动。重要时段、重大活动期间在交通节点、车站、公交、广场LED屏幕，集中宣传人才政策、优秀人才事迹等，营造"尊重人才、尊重知识、尊重劳动、尊重创造"的良好氛围。

除一次性享受的激励政策外，其余激励政策资金分5年支付，每年支付1次。同时符合多项激励政策的，按就高原则执行，不重复享受。

本意见自发布之日起施行，有效期5年，由县人才办负责解释。原有人才支持政策与本意见不一致的，原则上以本意见为准。原符合享受《蒲江县引进和培育高层次高素质人才实施办法（2016年修订）》（蒲委办〔2016〕6号）激励政策的，继续享受满5年为止。

附件 2 成都市都市现代农业产业生态圈机会清单

·中国天府农业博览园机会清单

·都江堰精华灌区康养产业功能区机会清单

·温江都市现代农业高新技术产业园机会清单

·天府现代种业园机会清单

·崇州都市农业产业功能区机会清单

·金堂食用菌产业园机会清单

·蒲江现代农业产业园机会清单

中国天府农业博览园机会清单

场景名称	场景介绍	需求内容	联系单位	联系人	征集对象
农博园"2.5+X"科创空间	农博园"2.5+X"科创空间重点展现农博会展、农业科研、大田种植等完整功能产业链，强化"农立方"发展理念，作为高品质空间优先呈现区域	环评规划需求 编制内容：农博园核心区区域环评 采购方式：政府采购 编制预算：80万元	农博园管委会	谢曲	区域环评编制单位
农博主展馆"农业太古里"商业街	主展馆项目总投资16.99亿元，占地202亩，总建筑面积13.2万平方米。G1馆为会议中心，建筑面积约3.1万平方米，会议室、宴会厅、多功能厅共18间；G2、G3馆为室内展馆，建筑面积约1.58万平方米；G4馆为天府农耕文明博物馆，农民工博物馆、脱贫攻坚博物馆，建筑面积约2.41万平方米；G5馆为总部办公+文创孵化馆，建筑面积约1.8万平方米	重点招引会议、论坛、培训学习、新闻发布会等；农业博览、体育、演艺、赛事活动等；博物馆运营商、新乡村创新成果展示场景及展品征集等；总部办公、文创孵化、研发科创等；手工文创产品、农产品新零售商业配套项目及美食餐饮、休闲娱乐等	四川天府农博园投资有限公司	李健	农业博览和农商文旅体科教融合发展企业；专业公司团队，对农博主展馆进行运营和维护
天府农博园特色林盘（科技林盘、数智林盘、文创林盘）	以川西林盘建筑为基础，打造科技林盘，占地约27.72亩；数智林盘，占地约12.05亩；文创林盘，占地约5.53亩	农业高科技科创空间，科研院所、高科技农业企业等，重点招引农业科研院所、农业企业等；数字农业科创空间，与智慧农业科创空间等，重点招引数字农业总部、数字农业创意空间、工作室等；农业文创产业科创空间，农业文创产业文化创意部，重点招引新乡村文化创意企业、工作室等	四川天府农博园投资有限公司	李健	科研院所，农商文旅体科教融合发展企业

（续表）

场景名称	场景介绍	需求内容	联系单位	联系人	征集对象
天府农博创新中心	项目总投资4 995万元，占地37亩，总建筑面积约8 000平方米，含科技成果展示、共享办公、文创孵化等项目	重点招引农业博览、会议论坛、演艺体育、总部办公、文创孵化、研发科创以及商业配套等项目	四川天府农博品牌运营管理有限公司	范思敏	农业博览和农商文旅体科教融合发展企业
蓝城·沐春风	蓝城城乡建设有限公司由新津文旅集团和蓝城集团共同出资组建。公司依托蓝城集团资源整合能力、品牌效应和新津优异的自然资源禀赋，打造集大田景观、绿色农业、乡村休闲、特色民宿、亲子教育于一体的2～7天微度假的农旅融合发展示范项目	重点招引医药康养、文旅（运动），都市现代农业，文化创意，住宿餐饮等产业，田园民宿，创意工坊，个人工作室，健康颐养，竹林茶社，美学料理，文化节庆等项目 人才需求：招聘农旅管家（农学、农旅相关专业），库管（财务或相关专业），各类服务岗位（酒店管理或旅游管理专业）以及客房卫生班（有酒店或度假村相关客房服务工作经验为佳）	蓝城房产建设管理集团有限公司	李科 张余	农商文旅体科教融合发展企业、人才

162

都江堰精华灌区康养产业功能区机会清单

细分场景	需求名目	类别	项目名称	指标要求	联系单位	联系人	信息有效期	目前进度
现代农业旅游展示区	基础设施建设	融资需求	天马镇圣寿社区康养项目	都江堰市天马镇圣寿社区面积3.5平方千米，其中集体建设用地750亩，依托林盘院落布局有条件建设230余亩，耕地1 680亩，林地2 000亩，适合有机猕猴桃种植和体验观光，已建成1 000亩雷竹基地，四周的生态本底较好，适合发展特色民宿、度假休闲等田园综合体项目	天马镇圣寿社区	彭路春	2020年5月至2021年5月	正在招商引资中
现代农业旅游展示区	基础设施建设	融资需求	都江堰玫瑰花溪谷项目	将建设成为以玫瑰研发及种植为基础，集高端旅游观光、生态体验、康体养生、民俗文化传承，花卉产业发展为一体的农旅融合综合产业园	成都市绿沃农业有限公司	陈群	2020年5月至2021年5月	正在招商引资中
现代农业旅游展示区	基础设施建设	融资需求	石羊镇马祖社区朱家湾林盘景区项目	"朱家湾"包含朱家院子、范家院子、黄家院子、（大小）刘家院子共5个林盘聚落，总面积约300亩（其中现状集体建设用地约66亩，林地约130亩，道路沟渠基础设施占地约5亩，林盘内耕地面积约99亩），林盘辐射周边耕地约500亩。项目拟建设集农耕文化体验、中草药种植、生态农业、休闲运动、绿色民宿，川西林盘养生度假为主导的国内一流田园度假目的地，打造独具特色的川西林盘颐养田园度假区	石羊镇马祖社区	汪泽志	2020年5月至2021年5月	正在招商引资中
现代农业旅游展示区	基础设施建设	融资需求	拾光山丘正有机体验园	建设内容：现代农业展示园（农耕文化博览园、农业专家大院、CEP星创天地、环湖森林康养假区、户外探索区、有机食材展示体验区、自然教育营地、农事体验区等，总占地710亩。项目总投资：12 000万元。融资需求额度：1 200万元。具体需求：拟引入银行及其他金融机构对项目给予1 200万元资金支持	都江堰一生源农业科技有限公司	饶正东	2020年5月至2021年5月	正在招商引资中

（续表）

细分场景	需求名目	类别	项目名称	指标要求	联系单位	联系人	信息有效期	目前进度
现代农业旅游展示区	基础设施建设	融资需求	川西音乐林盘项目	拟引进投资1 500余万元，打造特色民宿、林盘书院、以绿道联田园、联社区、联景区、联产业，形成多功能叠加的高品质生活场景和新经济消费场景	成都川西猪圈西盘林盘服务有限公司	宋建明	2020年5月至2021年5月	正在招商引资中
现代农业旅游展示区	基础设施建设	融资需求	国家农业公园项目	项目位于聚源镇双土社区，规划占地面积约1 410亩，计划总投资约10亿元。建设招商展示中心（涵盖稻田温泉、水乡民宿、文创教育、儿童梦空间、萌宠帐篷酒店、特色餐饮等农旅康教综合性田园项目），农业院士工作站、漆器手工艺制作工坊、国学书院、国学学堂、农创商店等，完成周边农业种植和田园景观打造，建成集"农业、文旅、康养、教育"等功能于一体的田园生态新经济应用场景	四川锐丰投资管理有限公司	余鹏	2020年5月至2021年5月	正在招商引资中
现代农业旅游展示区	基础设施建设	融资需求	灌区映像生态农旅项目	启动区有农业用地和建设用地1 115亩，拟建设以稻作文化为中心的科技农业、休闲农业为核心的稻由共生生主题区，以农耕文化为依托田园农事体验、亲子研学教育、特色餐饮住宿农林民俗主题区等。发展农文旅休闲体验、文化创意、科技农业、休闲农业、康养农业于一体等，打造集旅游度假的场景	成都嘉耘松产业管理有限公司	徐浩	2020年5月至2021年5月	正在招商引资中

温江都市现代农业高新技术产业园机会清单

清单需求表类型	细分场景	需求类别	名称	需求内容	联系单位	联系人	信息有效期
供给清单	农业创新	科创空间/双创载体	成都市温江区农高创新中心一期	农业高新技术研发及高新技术企业培育孵化载体4 500平方米	成都都市现代农业产业技术研究院有限公司	汪莉红	长期有效
供给清单	农业创新	科创空间/双创载体	万春智汇创客空间	以"创意农业"为主体的多功能创业孵化载体1 200平方米	成都万春智汇孵化器管理有限公司	刘一盛	长期有效
供给清单	农业创新	科创空间/双创载体	四川农业大学国家大学科技园	农业高新技术研发及高新技术企业培育孵化载体120 000平方米	四川农业大学	周伦理	长期有效
供给清单	综合服务	科创空间/双创载体	农高创新中心综合服务体一期	农高创新一站式综合服务载体24 000平方千米（拟建）	成都科荟城市投资有限公司	巨洪波	长期有效
供给清单	智慧农贸	公共服务平台	四川现代智慧农贸市场互联网孵化平台	各种类型的农贸市场、社区商业综合体	成都华信创农业开发有限公司	王阳	长期有效
供给清单	智慧农业	公共服务平台	"蓉e检"检验检测产业互联网与智能化公共服务平台	农产品供应链等	四川农科源检测技术有限公司	王黎	长期有效
供给清单	智慧农业	公共服务平台	R-LAB共享实验室	智慧农业园区（基地）、农业园区、科研院校、政府相关部门等	四川农科源检测技术有限公司	王黎	长期有效
供给清单	智慧农业	公共服务平台	土壤修复与肥力激活技术推广平台	农业主管单位、农业园区（基地）、农业新型经营主体等	四川华地康生态农业有限公司	杨健	长期有效
供给清单	智慧农业	公共服务平台	CNG农业区块链公共服务平台	生鲜超市、家庭农场、农业专业合作社、农业公司、农业种植相关部门等 农业主管单位、农业园区、农业公司、农业专业合作社、政府相关部门等	四川农链数科技有限公司	潘卫刚	长期有效

165

（续表）

清单需求表类型	细分场景	需求类别	名称	需求内容	联系单位	联系人	信息有效期
供给清单	智慧农业	公共服务平台	农科e站农高技转平台	农业、生物科学相关企业和相关科研院所	成都农高技转科技有限公司	熊源 康远峰	长期有效
供给清单	人力资源	公共服务平台	恒信人力资源平台	劳务派遣、职业介绍、校园招聘、员工培训、档案管理、人事代理	成都恒信人力资源管理有限责任公司	黄林兰	长期有效
供给清单	产业配套	招商项目	和盛教育培训项目	资源情况：地块位于温江区和盛镇烈士街185号（原农技校），占地面积约76亩，用地性质为国有建设用地，拟建设高端教育配套项目 招商对象：国内外知名国际学校和教育培训机构	温江农高园	李帆	2020.12
供给清单	产业配套	招商项目	和盛文旅开发项目	资源情况：地块位于温江区和盛镇，占地面积约48亩，用地性质为商住混合用地，拟打造文旅广场、高端商务酒店、商业综合体 招商对象：产业地产开发商	温江农高园	李帆	2020.12
供给清单	农旅融合	招商项目	体验式花卉园艺中心	资源情况：地块位于温江区和盛镇，总占地面积150亩，其中，商业用地面积约40亩，农用地约110亩，拟建设花卉展销中心、宜家式家庭园艺中心，打造集旅游、观光、花卉贸易于一体的高端花卉交易平台 招商对象：国内外知名花卉园艺平台型企业	温江农高园	李帆	2020.12

（续表）

清单需求 表类型	需求类别	细分场景	名称	需求内容	联系单位	联系人	信息 有效期
供给清单	招商项目	农旅融合	友庆花卉产业示范带	资源情况：位于温江区和盛镇天乡路沿线，总占地面积约570亩，集体建设用地面积约90亩。根据园区产业定位，对沿线规划及天乡路产业示范带产业示范带进行升级改造，打造农旅产业示范带 招商对象：国内外知名花卉园艺平台型企业或知名文旅企业	温江农高园	李帆	2020.12
供给清单	招商项目	农旅融合	生态价值转化示范区	资源情况：地块位于和盛镇春林村，总占地面积约1 570亩，其中集体建设用地约255亩，打造以生态环境保护休闲运动于一体的融合示范村旅游度假群落、都市现代农业、乡村旅游度假群落、休闲运动于一体的融合示范项目 招商对象：现代农业、文旅、体育运动、生态环保、休闲度假、民宿等知名企业	温江农高园	李帆	2020.12
供给清单	招商项目	农旅融合	国家农业公园	资源情况：位于温江区公平街道农高创新中心核心区以北，一期占地约200亩农用地，打造农业科研中试、展示、农事体验、游学观光于一体的国家农业公园 招商对象：国内外知名泛农业企业	温江农高园	李帆	2020.12

（续表）

清单需求 表类型	细分场景	需求类别	名称	需求内容	联系单位	联系人	信息 有效期
供给清单	农旅融合	招商项目	康养旅游发展聚集区	资源情况：位于温江区万春镇，总面积约4 580亩，其中农用地3 800亩，集体建设用地643亩，有条件建设区136亩。打造集康养生养心、休闲旅游、游学研学为一体的康养旅游目的地 招商对象：国内外知名康养旅游企业	温江农高园	李帆	2020.12
供给清单	农旅融合	招商项目	汪家湾特色林盘项目	资源情况：位于温江区寿安镇，总面积约500亩，其中建设用地300亩，有条件建设区200亩。依托川西特色林盘，打造集花卉博览园、园林经济产业园、林盘景观展示区、农事体验区、特色民宿、休闲养生康养区于一体的田园园综合体项目 招商对象：现代农业、主题民宿、康养等方面的知名企业	温江农高园	李帆	2020.12
需求清单	综合服务	基础设施 建设运营 管理	农高创新中心核心区建设项目	引进具有农业全产业链资源整合能力，具备园区运营管理经验的头部企业投资、建设、运营园区核心区高品质科创空间	温江农高园	喻卫斌	2020.8
需求清单	综合服务	运营管理	农高创新中心综合服务体一期	引进农创产业专业孵化器管理企业及综合服务企业进行运营管理	成都科蓉城市投资有限公司	巨洪波	2021.12
需求清单	综合服务	新技术研发合作	西南种苗研发繁育中心	围绕西南野生种质资源驯化、国内外优质花木种质资源引种，新优品种的多途径繁育等方面寻求高校院所及龙头企业进行技术研发及市场化推广合作	成都三联花木投资有限责任公司	陈鹏	2021.12

（续表）

清单需求表类型	综合场景	细分场景	需求类别	名称	需求内容	联系单位	联系人	信息有效期
需求清单	综合服务		专业服务	花木（农产品）进出口园区	引进具有检验检疫资质的专业机构合作开展花木进出口检验检疫业务	成都三联花木投资有限责任公司	陈鹏	2021.12
			运营管理		引进有运营管理经验的企业对温室大棚进行运营管理 引进有气调库运营管理经验的企业对气调库进行运营管理			
			招商入驻		引进开展花木进出口业务的相关企业总部或区域总部入驻			
需求清单	综合服务		运营管理	万春花卉集中批发市场项目	引进专业企业合作进行项目投资运营	成都三联花木投资有限责任公司	陈鹏	2021.12
需求清单	综合服务		运营管理	临江花海	引进创意旅游运营企业进行合作运营	成都三联花木投资有限责任公司	陈鹏	2021.12
需求清单	综合服务		投融资	农业科创基金	引入孵化基金、创投基金和各类创业投资机构，合作成立温江农高园农业科创基金	温江农高园	喻卫斌	2021.12
需求清单	综合服务		专业服务	举办农业科创活动	联合涉农高校共同举办农业科创活动，促进农业科技成果转化和农创培育	温江农高园	顾略	长期有效

169

天府现代种业园机会清单

清单需求 表类型	细分场景	需求类别	名称	需求内容	联系单位	联系人	信息 有效期
基础设施 需求	种子加工	企业入驻	标准化厂房	种业相关企业入驻，建设国际一流的种业标准化厂房，配套建设研发中心、加工中心、冷链仓储等	天府现代种业园管委会	孙芸	1年
科技需求	育种研发	企业入驻	生物科技育种项目	引进国内外行业领军种业企业，进行生物育种、种子加工销售、仓储物流等，打造西南种业中心	天府现代种业园管委会	孙芸	1年
运营需求	双创孵化	企业入驻	天府现代种业园创新型种业企业孵化器、加速器运营项目	引入种业孵化器运营公司及平台机构，孵化创新型种业企业，引入社会资本共建"农创工坊"提供企业创新展示及交流的平台	成都市天府现代种业园开发建设有限公司	张柯	1年
运营需求	电子商务	企业招引	天府现代种业园电商产业园项目	引进特色农产品电商企业、电商直播服务企业。共同建设以邛崃为中心的西南特色农产品线上线下电子交易平台，打造西南特色农产品电商产业园及农副产品集散物流中心	成都市天府现代种业园开发建设有限公司	张柯	1年

崇州都市农业产业功能区机会清单

清单需求表类型	细分场景	需求类别	名称	需求内容	联系单位	联系人	信息有效期
需求清单	育繁推总部	农林牧渔	循环农业总部基地项目	项目地点：隆兴镇 项目总投资：4亿元 建设内容：引入社会企业开发粮油、水产养殖、畜禽养殖育繁推总部 招商重点：水稻种业育繁推总部，10 000亩育种基地、80亩总部建设用地	崇州都市农业产业功能区	周维松	3年
需求清单	科技研发	农林牧渔	粮油食品信息技术、生物技术研发推广中心项目	项目地点：崇州都市农业产业功能区 估算投资规模：4亿元 具体需求：围绕粮油、生产、精深加工和食品开发，引入在信息和生物技术方面具有知识产权和应用能力的科研机构	崇州都市农业产业功能区	高庆	2023年12月
需求清单	粮油加工	农林牧渔	桤泉粮油食品精深加工产业链项目	项目地点：桤泉粮油食品加工区 估算投资规模：4亿元 具体需求：引入社会资本，盘活未利用地100亩，建设拓展区基础设施配套，标准化厂房20万平方米。引进一批粮油食品科创型、引领型精深加工项目，提升和完善粮油加工产业链	崇州都市农业产业功能区	高庆	2023年12月
需求清单	农商文旅融合	文化旅游	天府盆景文化博览公园建设	项目地点：崇州市观胜镇、元通镇 项目投资：6亿元 具体需求：引入社会资本，建设天府盆景和特色花木体验博览交易中心、川西林盘艺术民宿聚落，川派盆景（地景）标准化种植基地及基础设施建设，盆景（花木）交易智能云平台。项目建成后，将形成以川西环线重要的盆景文化产业核心、川西坝子最具特色的民宿聚落	崇州都市农业产业功能区	何遇春	2023年12月

（续表）

清单需求表类型	细分场景	需求类别	名称	需求内容	联系单位	联系人	信息有效期
需求清单	科创空间	特色镇	农科特色镇项目	项目地点：崇州市隆兴镇 项目投资：2亿元 具体需求：引入社会资本，"四新"成果研发转化、农业科技人才培训、特色粮油基地建设、稻田综合种养示范基地建设、农业科创空间建设	崇州都市农业产业功能区	刘波	长期有效
需求清单	农商文旅体融合	特色镇	川西旅游环线竹博小镇	项目地点：道明镇龙黄村、红旗村、斜阳村、东岳社区和白头镇大雨村、中心社区，莲花村，面积约27平方千米 估算投资规模：50亿元 具体需求：引入社会资本、建设竹艺公园、竹林康养度假区、竹产业园、竹风景线、竹编产品创新设计、竹建筑设计、竹文化研究、竹艺工匠培育	崇州都市农业产业功能区	冯月玲	2年
需求清单	社会服务	特色镇	四川农村社会服务总部崇州中心项目	项目地点：崇州市道明镇 项目投资：2亿元 具体需求：引入社会企业，参与农业全产业链社会化服务的打造。重点是用数字技术改造传统农业的发展理念，提供现代农业全产业链的社会化服务	崇州都市农业产业功能区	刘波	长期有效

金堂食用菌产业园机会清单

清单需求表类型	细分场景	需求类别	名称	需求内容	联系单位	联系人	信息有效期
都市现代高效示范农业类	推进食用菌全产业链发展，构建食用菌主导产业、农产品精深加工业、绿色食品加工业、农商文体旅融合发展业四大优势产业场景	招引企业	绿色食品加工基地（三期）	绿色食品加工园三期将建设标准化厂房30万平方米，招引食用菌加工、绿色食品加工、农产品精深加工等企业入驻租用标准化厂房	金堂县食用菌产业园管委会	李斐	长期有效
都市现代高效示范农业类	推进食用菌全产业链发展，构建食用菌主导产业、农产品精深加工业、绿色食品加工业、农商文体旅融合发展业四大优势产业场景	招引企业	绿色食品加工基地（四期）	建设绿色食品加工基地1 401亩，四期占地443亩，计划采用M0用地管理模式建设产业社区，一二三期已建成或成形成承载能力，招引食用菌加工、绿色食品加工、农产品精深加工等企业入驻	金堂县食用菌产业园管委会	李斐	长期有效
		投资运营	邻里（科创）中心	投资3.7亿元，在加工园三期内修建邻里中心，建设集市民服务、科创孵化、酒店运营、餐饮、健身等为一体的多功能综合体，招引社会企业共同建设运营	金堂县食用菌产业园管委会	伍彤	长期有效
		技术研发	食用菌智慧科创研产中心	项目面积32亩，投资0.5亿元，招引食用菌技术研发企业、相关科研院所、院士专家工作团队，菌种培育生产等企业机构等入驻开展科技攻关合作	金堂县食用菌产业园管委会	伍彤	长期有效
		投资运营	观音湖产业新村	项目占地217亩，投资5.8亿元，其中大地景观占地200亩，结合羊肚菌产业特色，实施"菌稻轮作、菌菜轮作"，种植彩色油菜及水稻等作物，营造大地景观艺术，后期将结合景观本底，开展参与性活动。特色民宿占地17亩，依托周边"高标准农田+菌类规模种植"，构建生态化、特色化、差异化的田园生活模式，并配套休闲、商业设施等功能，打造亲水平台、竹元素景观，建设以产业为主导、集康养、文旅、休闲于一体的旅游型新村。招引项目运营团队，文旅企业、创意休闲农业等相关企业入驻开展合作	金堂县食用菌产业园管委会	伍彤	长期有效

173

（续表）

清单需求表类型	细分场景	需求类别	名称	需求内容	联系单位	联系人	信息有效期
都市现代高效示范农业类	推进食用菌全产业链发展、构建食用菌主导产业、农产品精深加工业、绿色食品加工业、农商文体旅融合发展业四大优势产业场景	投资运营	观音湖商业街区	项目依托观音湖良好生态本底，打造以食用菌为特色的集旅游观光、休闲娱乐、特色美食、精品民宿于一体的特色街区。项目占地84亩，总投资1.5亿元。招引项目运营团队、文旅企业、餐饮企业等相关企业入驻开展合作	金堂县食用菌产业园管委会	李斐	长期有效
		投资运营	菌乡亲子研学科普园	菌乡亲子研学科普园占地200余亩，投资1亿元。打造集农业科普教育、休闲、娱乐以及亲子活动、绿色生态美食为一体的生态农业教育示范基地。招引食用菌现代农业研学科普专业机构、特色民宿运营团队等入驻开展合作	金堂县食用菌产业园管委会	伍彤	长期有效
		招引企业	食用菌智慧交易中心	项目占地242亩，总投资7.54亿元。主要建设食用菌交易市场、质检中心、信息中心、仓储中心、冷链物流中心等。招引食用菌贸易服务业、农产品检验等企业入驻	金堂县食用菌产业园管委会	伍彤	长期有效
		招引企业	全域特色农业	园区细分领域为食用菌、菌—稻生态轮作、柑橘、农产品精深加工、中药材等特色产业。食用菌贸易服务业、种养采摘休闲观光农业、招引相关特色农业类企业、专业合作社入驻运营	金堂县食用菌产业园管委会	李斐	长期有效
		招引企业	金堂县畜禽屠宰交易市场	规划用地80亩，拟投资5 070万元，建设统一宰杀车间、分割车间，冷冻冷藏库，购置冷链配送车辆、自动化装置，建成年宰杀量5万只、年宰杀1 500万只活畜标准化宰流水线；招引家禽、牛羊屠宰和销售等企业入驻运营	金堂县食用菌产业园管委会	李斐	长期有效

（续表）

清单需求表类型	细分场景	需求类别	名称	需求内容	联系单位	联系人	信息有效期
都市现代高效示范农业类	推进食用菌全产业链发展，构建食用菌主导产业、农产品精深加工业、绿色食品加工业、农商文体旅融合发展业四大优势产业场景	招引企业	食用菌中试基地	食用菌中试基地项目占地200余亩，包括科研基地（专家大院）、食用菌科技成果转化示范基地、集中居住区、商业街区、社区活动中心等建设内容，聚焦科技研发、成果转化、产业孵化、融合发展，社区服务等功能。招引食用菌企业、专业合作社等开展食用菌标准化大棚生产，招引研发孵化团队入驻研发孵化基地	金堂县食用菌产业园管委会	李斐	长期有效
		投资运营	招商展示体验中心	项目面积4 250平方米，投资2 500万元，建设集招商展示、会务接待、活动举办和美食体验于一体的综合体，招引专业运营团队入驻	金堂县食用菌产业园管委会	罗巍	长期有效
		招引企业	回乡创业园	项目占地242亩，总投资5亿元，主要建设生产性厂房、仓库、职工宿舍、食堂、商业等。招引制衣制鞋箱包加工企业、食品加工、电子生产等劳动密集型企业入驻园区	金堂县食用菌产业园管委会	罗巍	长期有效

175

蒲江现代农业产业园机会清单

需求类别	名称	需求内容	联系单位
招商引资	西南特色水果冷链物流贸易港	主要通过引入特色水果数字化的交易服务体系、商品化处理、冷链储运、现代都市农业与乡村旅游等建设项目，构建"绿色生态、职住平衡、产城一体、辐射西南"的特色水果冷链物流港	蒲江现代农业产业园管委会
招商引资	都市现代农业示范园	在园区核心区建设总面积约10 000亩都市现代农业示范园。该项目主要运用生物科技、现代装备、信息化管理措施，推广应用新品种、新技术、新模式，建设功能复合的标准化农业示范园	蒲江现代农业产业园管委会
招商引资	果韵渔乡创意湖畔	沿临溪河畔规划建设占地约2 000亩产业融合项目。该项目主要在产业园建设集现代农业、乡村旅游、田园社区为一体的新型农商文旅综合体	蒲江现代农业产业园管委会
招商引资	水韵橘香主题公园	沿狮子树水库规划建设占地约1 000亩农旅融合项目。该项目主要在产业园建设集现代农业、乡村旅游、田园社区为一体的新型农商文旅聚落	蒲江现代农业产业园管委会
招商引资	农业创新创业孵化中心	在天府农创园聚焦农业全程、全域服务建设农业创新创业孵化中心，着力引进品牌孵化机构、整合农业公共品牌、龙头企业、特色产品和包装设计等要素，建立创新创业平台，培育农商文旅体新型经营主体和人才，促进科技成果转化。利用互联网技术，搭建从生产端、服务消费端的农业生产、管理、销售平台	蒲江现代农业产业园管委会